Discrete Mathematics

컴퓨터 과학의 기초를 다지는 **이산수학**



# 이산수학

승현우

HS 도서출판 한산

# 머리말

컴퓨터 과학에서의 문제 해결에는 많은 수학적 도구들이 요구된다. 실세계의 문제들을 수학의 도움 없이 컴퓨터로 직접 해결하는 일은 쉽지 않다. 왜냐하면 현재 우리가 사용하고 있는 컴퓨터의 구조는 우리가 사는 실제 세상과는 많이 다르기 때문이다. 간단한 예를 들어 선거에서의 결과 예측을 컴퓨터로 수행한다고 하자. 우리가 이미 수학적으로 알고 있는 수와 그 연산들에 관한 추상적 개념들과 통계적 방법론들이 없다면 컴퓨터로 이러한 문제 해결은 매우 어려운 일일 것이다. 따라서 컴퓨터 과학을 위한 수학인 이산 수학은 실세계와 컴퓨터 세계를 연결시켜주는 중간자 역할을 한다고 할 수 있다. 이산수학은 우리가 실세계에서 관심 대상이 되는 현상을 컴퓨터를 이용하여 해결하고자 할 때 필요한 수학 분야들을 다룬다.

이산(離散)이란 영어로는 'discrete'로 연속적이지 않고 분리됨을 뜻한다. 이산수학은 미적분학처럼 주로 실수와 같이 연속적으로 표현되는 대상을 다루는 연속 수학과 달리 원소들이 서로 분리되어 있고 셀 수 있으며 유한한 대상을 다룬다. 이처럼 이산적 객체들을 다루는 수학을 컴퓨터 과학에서 배우는 이유는 우리가 갖고 있는 컴퓨터가 0과 1만을 다루는 2진법의 원리 위에 만들어진 디지털 컴퓨터이기 때문이다. 현재의 디지털 컴퓨터는 근본적으로 유한 이산 시스템이므로 문제 해결을 위해서는 이러한 이산적인 수학 구조를 통한 모델링이 요구되는 것이다. 이 책은 모두 9장으로 구성되어 있으며 그 내용은 다음과 같다.

1장에서는 논리와 명제를 다룬다. 인간의 논리적 사고 과정을 명제나 추론 등의 수학적 방법을 통해 배움으로써 컴퓨터를 이용한 논리 프로그래밍이나 인공지능, 또는 정보검색 등에 활용할 수 있는 기초를 다진다.

2장에서는 논리와 함께 수학의 기본 개념 중의 하나인 집합에 대하여 다룬다. 집합론에서 다루는 유한과 무한, 가산과 불가산 개념에 대해서도 배워본다.

3장에서는 행렬에 대해서 배운다. 행렬을 이용하여 복잡한 선형 방정식의 해법을 다루는 학문인 선형 대수학의 기초적인 이론들을 배운다. 행렬은 중요한 자료 구조 중 하나로서 4장의 관계나 6장의 그래프에서도 필요한 개념이다.

4장에서는 관계의 개념을 다룬다. 관계는 집합의 원소들 사이에 존재하는 연관성을 나타내기 위해 사용되는 구조로서 데이터베이스 이론 등과 같은 컴퓨터 과학 분야에서 널리 적용되는 중요 개념이다.

5장에서는 함수를 다룬다. 함수는 4장에서 다루는 관계의 특수한 형태로서 프로그래밍의 기본 원리를 이해하는데 중요한 개념이다.

6장에서는 그래프를 다룬다. 그래프 이론은 현실세계의 많은 문제들에 적용될 수 있는 주제로서 우리가 흔히 접하는 지하철 최단경로 찾기 문제나 컴퓨터 네트워크에서의 라우팅 문제 등 수많은 실용적인 문제들이 그래프로 모델링 될 수 있다.

7장에서는 트리를 다룬다. 트리는 컴퓨터 과학에서 가장 많이 이용되는 자료구조 중의 하나이다. 그래프가 교통망과 같은 네트워크 형태의 자료구조라면 트리는 부모와 자식처럼 상하 관계가 있는 구조로서, 언어의 분류 또는 컴퓨터 폴더나 파일의 구조와 같은 계층적 형태를 표현할 수 있는 자료구조이다.

8장에서는 형식 언어의 개념과 언어 생성 규칙인 문법과 언어를 인식하는 기계인 오토마타에 대하여 다룬다.

9장에서는 디지털 컴퓨터의 회로 분석과 설계에 필수적인 도구인 부울 대수에 대하여 다룬다.

이산 수학에서 다루는 분야는 광범위하다. 하지만 한 학기 강의 분량으로 이산 수학에서 다루는 모든 분야를 배우는 것은 어려운 일이다. 따라서 이 책에서는 여러 이산수학 교재에서 다루고 있는 증명법, 경우의 수, 알고리즘 등은 제외하였다. 이 분야들에 관심 있는 독자들은 부득이 다른 이산수학 서적이나 다른 과목을 통하여 관련 지식을 습득하기를 바란다.

이 책이 컴퓨터 과학을 공부하는 학생들에게 기초적 지식을 제공할 수 있을 것으로 기대하며, 이 책이 나올 수 있도록 힘써주신 도서 출판 한산의 여러분, 특히 김기영 사장님께 감사의 마음을 전한다.

저자

# 차례

제1장

# 논리와 명제

이산수학

논리는 우리 인간들이 생각하는 이치나 법칙을 말한다. 우리들은 어떤 말이나 생각은 이치에 맞고, 어떤 것들은 이치에 맞지 않는다고 말한다. 이러한 우리 인간들의 생각의 형식이나 법칙을 다루는 학문이 논리학이다. 수학적 논리는 문제 해결을 위하여 대상을 분석하고 추리해 나가는 과정이나 방법을 체계적으로 정리한 것이라고 할 수 있다. 컴퓨터의 하드웨어나 소프트웨어의 기본 단위는 이러한 수학적 논리들로 구성되며, 컴퓨터의 회로 설계, 프로그램 작성과 검증 등에 이러한 수학적 논리는 필수적 요소이다.

## 1.1 논리

어떤 주장의 참과 거짓에 대하여 먼저 생각해 보자. "1+1=2" 라는 주장은 누구나 의심 없이 참인 주장으로 받아들일 수 있다. 하지만 모든 주장의 진위 구별이 간단하지는 않다. 다음 주장을 살펴보자.

주장1) "모든 법칙에는 예외가 있다."

이 주장은 참일까 거짓일까? 이 주장이 참이라면 모든 법칙에는 예외가 있어야 한다. 하지만 그 주장자체의 예외는 "예외가 없는 법칙"이므로 모순에 빠지게 된다. 어느 대한민국 국민이 "대한민국 국민은 모두 거짓말쟁이다." 라고 말하는 경우도 같은 모순을 불러온다. 이처럼 참이면서 동시에 거짓이거나, 참도 거짓도 아닌 주장을 패러독스(paradox, 역설)라고 한다. 위와 같은 패러독스를 **거짓말쟁이의 패러독스**(liar's paradox)라고 부른다.

다음 주장은 어떤지 살펴보자.

주장2) "만일 돌고래가 조류면, 소크라테스는 여자다."

이 주장은 참일까 거짓일까? 아니면 주장1과 비슷한 패러독스일까? 결론은 주장2는 참이다. 위 문장은 가정과 결론으로 이루어진 조건문으로서 가정이 거짓이면 결론이 참이든 거짓이든 전체 조건문은 참이 된다. 왜냐하면 위 문장은 돌고래가 조류인 경우면 소크라테스는 여자라고 주장하고 있기 때문이다. 돌고래는 조류가 아니므로(가정이 거짓이므로) 위 주장을 거짓 주장이라고 말할 수 없는 것이다. 물론 위 주장은 비현실적인 주장으로 가정과 결론 사이에 관련성이 없는 억지스러운 주장이다. 하지만 수학적 논리의 세계에서는 그러한 가정과 결론 사이의 연관성은 중요하지 않다. 논리에서는 가정과 결론 사이의 현실적 연관성과 상관없이 단지 가정이 참일 경우에 한해서 결론이 거짓인 경우에만 그 주장은 거짓이 되는 것이다. 그 밖의 경우에서는 위 주장은 모두 참이 된다.

다음 예제들을 통하여 논리학이 어렵기도 하지만 따분하지만은 않다는 것을 느낄 수 있기 바란다.

**예제 1.1** 어느 대학 도서관에는 두 종류의 카탈로그가 있다. 카탈로그 A에는 스스로를 참조나 언급한 책들이 수록되고, 카탈로그 B에는 스스로에 대한 참조나 언급이 없는 책들만이 수록된다. 이 도서관에 소장되어 있는 모든 책은 둘 중 하나의 카탈로그에 수록되어 있다. 카탈로그도 책이다. 카탈로그 B는 어느 카탈로그에 수록되어야 할까?

**풀이** 만약 카탈로그 B가 카탈로그 A에 수록된다면 모순이다. 왜냐하면 카탈로그 A에는 스스로를 참조하는 책들이 들어있는데 카탈로그 B는 그렇지 않다. 만약 카탈로그 B가 카탈로그 B에 수록된다고 해도 모순이다. 왜냐하면 카탈로그 B가 스스로를 언급하게 되므로 카탈로그 A로 들어가야 하는 모순에 빠지기 때문이다. 이처럼 스스로를 포함하면서 패러독스를 만들어내는 논리적 모순을 러셀의 패러독스(Russell's paradox)라고 한다.

**예제 1.2** 다음은 미국의 수학자이자 논리 퍼즐퀴즈 전문가인 Raymond Smullyan이 만든 퍼즐 중의 하나이다.

어떤 섬에 두 종류의 사람, 신사와 악당이 살고 있다. 신사는 항상 진실만을 말하고 악당은 항상 거짓만을 말한다. 만약 당신이 섬에서 두 명의 사람 A와 B를 만났을 때, A는 "B는 신사다."라고 말했고, B는 "우리 두 사람은 서로 다른 종류의 사람이다."라고 말했다면, A와 B는 각각 어떤 종류의 사람인가?

풀이 A가 신사라고 가정하자. 이 경우 A의 말은 참이기 때문에 B는 신사다. 만약 B가 신사라면 B가 한 말 "A와 B는 다른 종류의 사람들이다."라는 명제가 참이므로 이것은 모순이다. 따라서 A는 신사가 아니다. A가 악당이라고 가정하면 A의 말은 거짓이므로 B는 악당이다. 만약 B가 악당이라면 B의 말은 거짓이므로 A와 B는 서로 같은 종류의 사람이다. 따라서 A와 B는 모두 악당이라고 결론을 내릴 수 있다.

**예제 1.3** 다음 문장들의 참, 거짓을 생각해보자. 주어진 문장들은 서로 연관되어 있으며, 따라서 그 연관성에 따라서 판단해야한다.

(1) 이 문장의 답은 2번 문장의 답과 같다.
(2) 이 문장의 답은 1번 문장의 답과 다르다.

풀이 (1)은 거짓이고 (2)는 참이다.

**예제 1.4** 다음 문장들의 참, 거짓을 판단하라.

(1) 문장3은 거짓이다.
(2) 문장1은 참이다.
(3) 문장1과 2의 답은 같다.

풀이 (1)과 (2)는 거짓이고 (3)은 참이다.

## 1.2 명제

**정의 1.1 명제**

참(true)인지 거짓(false)인지 명확하게 구분할 수 있는 주장이나 문장 또는 수학적 식을 **명제**(proposition)라고 한다.

명제는 반드시 참 또는 거짓 중 하나의 값만을 가져야하며 두 가지 값을 동시에 갖거나 그 구별이 애매모호(ambiguous)하지 않아야한다. 명제가 참 또는 거짓의 값을 가질 때, 그 값을 주어진 명제의 진리값(truth value)이라고 하며, 참은 T(true), 거짓은 F(false)로 표기한다.

다음 문장들은 모두 명제이다. 각각의 명제가 참인지 거짓인지 판별해 보자.

1) 2+3=5
2) 대한민국의 수도는 인천이다.
3) 지구는 우주에서 생명이 존재하는 유일한 행성이다.
4) 11을 나누는 양의 정수는 1과 11 자신뿐이다.
5) 모든 양의 정수 n에 다하여, 항상 n보다 큰 소수(prime number)가 존재한다.
6) 2보다 큰 모든 짝수는 두 개의 소수의 합이다.

1번 문장은 명백히 참이고, 2번 문장은 거짓이다. 3번 문장은 분명히 참 또는 거짓이며 둘 다일 수는 없다.(현재로는 참인지 거짓인지 알 수 없다.) 4번 문장은 참이며 "11은 소수이다."라는 문장과 동일하다. 5번 문장은 참이며 "소수의 개수는 무한하다."는 문장과 동일하다. 6번 문장은 골드바흐의 추측(Goldbach's conjecture)으로 알려진 아직 증명되지 않은 가설로서 참 또는 거짓인 명제이다.

다음 문장들은 명제가 아니다. 아닌 이유를 생각해보자.

1) 우리는 왜 이산수학을 배워야하는가?
2) 금요일 극장 표 2장을 예매해라.
3) 서울은 아름다운 도시이다.
4) 오늘은 춥다.
5) 3+x=8
6) $x^2$=3인 수(number)가 존재한다.

1번과 2번 문장은 참 또는 거짓을 판단할 수 있는 문장들이 아니므로 명제가 아니다. 명제로 사용되는 문장은 일반적으로 평서문(declarative sentence)으로, 의문문이나 명령문은 명제로서 적합하지 않다. 3번과 4번 문장은 주관적인 판단에 따라서 참과 거짓이 결정될 수밖에 없는 애매모호한 문장들이므로 명제가 아니다. 5번 문장의 진위는 변수 x의 값에 따라 달라지므로 명제가 아니다. 6번 문장도 x가 정수인지 실수인지 정확히 명시되어있지 않으므로 명제라고 할 수 없다. 6번 문장을 "$x^2=3$인 정수(integer)가 존재한다."로 바꾸면 거짓인 명제가 된다.

명제는 영어 알파벳 p, q, r, s, t 등으로 표기하며, 변수나 미지수로 주로 사용되는 x, y, z 등은 일반적으로 사용하지 않는다. 명제는 다음과 같이 나타내며, 이 경우 p는 1+1=2라는 명제로 정의된다.

$$p: 1+1=2$$

## 1.3 논리 연산

명제는 여러 가지 논리 연산을 통하여 다른 명제들로부터 만들어질 수 있다. 여러 단순명제(simple proposition)들을 연결해주는 역할을 하는 연결자(connectives)를 **논리 연산자**(logical operators)라고하며, 이렇게 단순 명제들로부터 만들어진 명제를 **합성명제**(compound proposition)라고 한다.

논리 연산자들의 이름, 기호, 의미는 다음 표 1.1과 같다.

표 1.1 ▸ 논리 연산자

| 연산자 | 기호 | 의미 |
|---|---|---|
| 부정 | ~ | not |
| 논리곱 | $\wedge$ | and |
| 논리합 | $\vee$ | inclusive or(and/or) |
| 배타적 논리합 | $\oplus$ | exclusive or(or but not both) |
| 조건 | $\rightarrow$ | if... then(implies) |
| 쌍방 조건 | $\leftrightarrow$ | if and only if(iff) |

합성명제 p의 진리값은 p를 구성하는 단순명제들 $p_1, p_2, \cdots, p_n$의 진리값들의 가능한 모든 조합으로 나타낼 수 있는데, 이렇게 진리값들의 조합을 나타내는 표를 **진리표**(truth table)라고 한다.

### (1) 부정(negation)

임의의 명제 p의 부정 ~p는 "not p"라고 읽는다. 진리값이 참인 명제의 부정은 거짓이고, 진리값이 거짓인 명제의 부정은 참이 된다.

명제 p가 다음과 같다면

p : 서울은 대한민국의 수도이다.

p의 부정은 다음과 같이 나타낼 수 있으며, 이 경우 진리값은 p가 참이므로 거짓이 된다.

~p : 서울은 대한민국의 수도가 아니다.

다음은 논리 연산자 부정의 진리표이다.

표 1.2 ▶ 부정의 진리표

| p | ~p |
|---|---|
| T | F |
| F | T |

### (2) 논리곱(conjunction)

임의의 명제 p, q의 논리곱 p∧q는 "p and q"라고 읽는다. 두 명제가 모두 참일 때만 참이 되고 나머지 경우는 거짓이 된다.

명제 p, q가 다음과 같다면

p : 서울은 대한민국의 수도이다.
q : 런던은 영국의 수도이다.

p와 q의 논리곱 $p \wedge q$는 다음과 같이 나타낼 수 있으며, 이 경우 진리값은 p와 q 모두 참이므로 참이 된다.

$p \wedge q$ : 서울은 대한민국의 수도이고 런던은 영국의 수도이다.

다음은 논리 연산자 논리곱의 진리표이다.

표 1.3 ▸ 논리곱의 진리표

| p | q | $p \wedge q$ |
|---|---|---|
| T | T | T |
| T | F | F |
| F | T | F |
| F | F | F |

### (3) 논리합(disjunction)

임의의 명제 p, q의 논리합 $p \vee q$는 "p or q"라고 읽는다. 두 명제가 모두 거짓일 때만 거짓이 되고 나머지 경우는 참이 된다.

명제 p, q가 다음과 같다면

p : 서울은 대한민국의 수도이다.
q : 런던은 영국의 수도이다.

p와 q의 논리합 $p \vee q$는 다음과 같이 나타낼 수 있다.

$p \vee q$ : 서울은 대한민국의 수도이거나, 런던은 영국의 수도이다.

위 명제 p∨q는 p와 q 모두 참이거나, 어느 한 쪽만 참이면 참이 되고, 모두 거짓이면 거짓이 된다. 이 경우 모두 참이므로 참이 된다.

다음은 논리 연산자 논리합의 진리표이다.

표 1.4 ▶ 논리합의 진리표

| p | q | p∨q |
|---|---|---|
| T | T | T |
| T | F | T |
| F | T | T |
| F | F | F |

### (4) 배타적 논리합

임의의 명제 p, q의 배타적 논리합 p⊕q는 종종 p XOR q로 표기하기도 하며, "p exclusive or q"라고 읽는다. 두 명제 중 하나만 참이고 다른 하나는 거짓일 때만 참이 된다.

명제 p, q가 다음과 같다면

p : 서울은 대한민국의 수도이다.
q : 런던은 영국의 수도이다.

p와 q의 배타적 논리합 p⊕q의 진리값은 서울이 대한민국의 수도이고 런던도 영국의 수도가 맞으므로 거짓이 된다. 즉, p와 q 모두 참이거나 모두 거짓이면 거짓이 되고, 둘 중 하나만 참일 때만 참이 된다.

다음은 논리 연산자 배타적 논리합의 진리표이다.

표 1.5 ▶ 배타적 논리합의 진리표

| p | q | $p \oplus q$ |
|---|---|---|
| T | T | F |
| T | F | T |
| F | T | T |
| F | F | F |

**— 논리합과 배타적 논리합 —**

영어나 한국어 같은 자연어는 우리가 다루고 있는 형식논리와 달리 애매모호하다. 영어에서의 or는 종종 논리합을 뜻하기도 하고 배타적 논리합을 뜻하기도 하는데, 다음의 예를 보자.

당신이 여행 중 항공기내에서 승무원이 식사 후 커피 또는 차를 권했고 당신이 커피를 선택한 후, 다시 승무원이 설탕과 크림을 넣겠는지를 물었을 경우를 생각해 보자.

"Coffee or tea?"라는 물을 때는 논리적으로는 배타적 논리합에 해당하여(우리는 일반적으로 식후 커피와 티를 모두 마시지 않는다.) "Coffee exclusive or tea?"의 의미가 되고, "Cream or sugar?"라는 물음은 논리합인 "Cream and/or sugar?"의 의미임을 알 수 있다(둘 다 넣을 수도 있다.). 따라서 $p \oplus q$의 의미는 영어에서의 "p or q but not both"의 의미이며 논리식으로는 $(p \vee q) \wedge \sim(p \wedge q)$와 논리적으로 동치가 된다. $p \vee q$는 "p and/or q"의 의미이다. 따라서 $p \vee q$를 $p \oplus q$와 구별하기 위하여 p inclusive or라고 부르기도 한다.

### (5) 조건

임의의 명제 p, q의 조건 연산 $p \rightarrow q$는 "if p then q" 또는 "p implies q"라고 읽으며, 조건 연산을 **함축**(implication)이라고도 한다. 조건 연산의 진리값은 p가 참이고 q가 거짓인 경우에만 거짓이 된다. p가 거짓인 경우는 q의 진리값과 상관없이 전체 조건문은 참이 된다.

명제 p, q가 다음과 같다면

p : 기온이 0°C 이하이다.

q : 얼음이 언다.

조건문 $p \to q$는 "기온이 0℃ 이하이면 얼음이 언다."가 되고 기온이 0℃이하인데 얼음이 얼지 않으면 이 조건문은 거짓이 된다. 하지만 기온이 영상인 경우, 즉 명제 p가 거짓인 경우에는 얼음이 얼든지 안 얼든지 조건문 $p \to q$는 참이라고 할 수 있다. 왜냐하면 이 조건문은 "기온이 영하인 경우 얼음이 언다."라는 주장이기 때문이다.

다음은 논리 연산자 조건의 진리표이다.

표 1.6 ▶ 조건의 진리표

| p | q | $p \to q$ |
|---|---|---|
| T | T | T |
| T | F | F |
| F | T | T |
| F | F | T |

**– 무의미한 참(vacuous truth) –**

명제 p, q가 다음과 같을 경우를 생각해 보자.

p : 돌고래는 조류다.
q : 소크라테스는 여자다.

조건 명제 $p \to q$ "돌고래가 조류면 소크라테스는 여자다."는 참이다. 이 경우 p와 q 사이에 어떤 의미있는 연관성을 찾을 수 없지만 논리에서는 참이 됨을 알 수 있다. 이러한 경우를 무의미한 참이라고 한다.

좀 더 현실적인 예를 살펴보자. 다음 주장은 어떤가? 취업 면접 자리에서 회사 사장이 다음과 같이 말했다고 하자.

"다음 주 월요일 아침 9시까지 회사에 나오면 당신은 일자리를 얻게 될 것이다."

당신이 월요일 9시까지 그 회사에 나왔지만 취직이 되지 않았다면 사장의 주장은 당연히 거짓이 된다. 하지만 당신이 나오지 않았다면(조건이 충족되지 않으면) 일자리를 얻게 되는지(안 나왔음에도) 아니면 못 얻게 되는지 상관없이 사장의 주장(약속)은 거짓이라고 할 수 없다. 따라서 참인 것이다.

또한 p→q에서 p가 참이면 반드시 q도 참인 경우 p는 q의 충분조건, q는 p의 필요조건이라고 한다.

**– 충분조건과 필요조건 –**

p→q 에서 p가 참이면 반드시 q도 참인 경우

p는 q의 충분조건(p is sufficient for q)이고,
q는 p의 필요조건(q is necessary for p)이라고 한다.

예) p : 선영은 투표권이 있다.
q : 선영의 나이는 최소 19세이다.
p→q :선영이 투표권이 있다면, 선영은 최소 19세이다.

선영이 투표권이 있다는 것이 참값을 가지는 것은 그녀가 최소 19세라는 것이 참값을 갖는 것을 보장하는데 충분하다. 또한, 선영이 최소 19세라는 것은 그녀가 투표권을 갖는다는 것이 참이 되는 데 필요하다. 하지만 이 경우 q는 p의 충분조건이 되지 못한다. 적어도 19세인 선영이 투표권을 갖기 위해서는 나이 외에도 금치산자가 아니어야하는 등의 다른 조건들을 충족해야 하기 때문이다.

### (6) 쌍방 조건

임의의 명제 p, q의 쌍방 조건 연산 p↔q는 "p if and only if q"라고 읽으며, 종종 p iff q로 표기하기도 한다. 쌍방 조건 연산의 진리값은 p와 q 모두 참이거나 모두 거짓일 때 참이 되고, p와 q의 진리값이 다를 때는 거짓이 된다.

다음은 쌍방 논리 연산자 쌍방조건의 진리표이다.

표 1.7 ▸ 쌍방조건의 진리표

| p | q | p↔q |
|---|---|---|
| T | T | T |
| T | F | F |
| F | T | F |
| F | F | T |

또한 $p \leftrightarrow q$는 "if p, then q and if q, then p"의 의미를 갖는 $(p \rightarrow q) \wedge (q \rightarrow p)$와 논리적으로 같은 값을 갖는다(논리적 동치).

**– 필요충분조건 –**

p가 참이면 q도 참인 동시에 q가 참이면 p도 참인 경우,

p는 q의 필요충분조건(p is necessary and sufficient for q) 또는

q는 p의 필요충분조건(q is necessary and sufficient for p)이라고 한다.

예) p : 선영은 공무원 시험 응시자격이 있다.
　　q : 선영은 고등학교 졸업증이 있다.

고등학교 졸업증만이 공무원 시험 응시 자격 조건이라고 가정하자.
이 경우, p와 q는 서로 충분하고 필요한 조건이 된다. 선영이 공무원시험 응시자격이 있다는 사실만으로 선영이 고등학교 졸업증이 있음이 보장되고, 선영이 고등학교 졸업증이 있다는 사실은 그녀가 공무원 시험 응시 자격이 주어진다는 것을 보장해준다.

### (7) 역, 이, 대우

명제 p→q에 대하여 q→p를 역(converse), ~p→~q를 이(inverse), ~q→~p를 대우(contraposition)라고 한다.

조건 명제 p→q와 역, 이, 대우의 진리표는 다음과 같다.

표 1.8 ▶ 역, 이, 대우의 진리표

| p | q | ~p | ~q | p→q | q→p | ~p→~q | ~q→~p |
|---|---|---|---|---|---|---|---|
| T | T | F | F | T | T | T | T |
| T | F | F | T | F | T | T | F |
| F | T | T | F | T | F | F | T |
| F | F | T | T | T | T | T | T |

위 진리표에서 다음을 알 수 있다.

1) 주어진 조건 명제와 그 대우는 논리적 동치이다.
2) 역과 이는 서로 대우 관계이다. 따라서 논리적 동치이다.

**예제 1.5** 명제 p, q가 다음과 같다고 가정하고, 조건 명제와 그 역, 이, 대우를 구해보자.

p : x는 새다.
q : x는 날 수 있다.

**풀이**

조건명제 p→q : x가 새면 날 수 있다.
역 q→p : x가 날 수 있으면 x는 새다.
이 ~p→~q : x가 새가 아니면 x는 날 수 없다.
대우 ~q→~p : x가 날 수 없으면 x는 새가 아니다.

주어진 명제 p→q와 그 대우 ~q→~p는 논리적 동치이며, 역과 이도 서로 논리적 동치임을 알 수 있다. 이 경우 주어진 명제의 참과 거짓을 판단할 필요는 없다. 다만 명제 p→q가 대우인 ~q→~p와 진리값이 같은 동등한 주장이라는 사실을 얘기하고 있다.

## 1.4 논리적 동치

우리는 여러 가지 기본 명제들을 논리 연산자와 역, 이, 대우 등의 개념을 이용하여 새로운 복합명제로 만들어 복잡한 논리적인 표현을 할 수 있음을 배웠다. 이렇게 복잡하게 표현된 논리식은 논리적으로 같은 값을 갖는 보다 단순한 식으로 대치해야 한다. 그 이유는 수학적 풀이를 보다 쉽게 하기 위한 것뿐만 아니라 컴퓨터 프로그램이나 디지털 회로 디자인을 보다 간단한 표현으로 바꾸어 소요되는 시간과 비용을 절약하기 위한 것이다.

**정의 1.2 항진명제와 모순명제**

합성명제를 구성하고 있는 명제들의 진리값에 상관없이 합성명제의 진리값이 항상 참이면 이를 **항진명제**(tautology)라고 하고, 반대로 합성명제의 진리값이 항상 거짓이면 **모순명제**(contradiction)라고 한다.

**예제 1.6** 진리표를 만들어 $p \to (p \lor r)$이 항진명제임을 보여라.

**풀이** 진리표는 다음과 같다.

| p | r | p∨r | p → (p∨r) |
|---|---|---|---|
| T | T | T | T |
| T | F | T | T |
| F | T | T | T |
| F | F | F | T |

$p \to (p \lor r)$의 진리표가 p와 q의 모든 값에 대하여 참이므로 항진명제이다.

**예제 1.7** 진리표를 만들어 $(p \rightarrow q) \leftrightarrow (\sim p \vee q)$이 항진명제임을 보여라.

**풀이** 진리표는 다음과 같다.

| p | q | p→q | ~p | ~p∨q | (p→q) ↔ (~p∨q) |
|---|---|---|---|---|---|
| T | T | T | F | T | T |
| T | F | F | F | F | T |
| F | T | T | T | T | T |
| F | F | T | T | T | T |

위 예제로부터 명제 $p \rightarrow q$와 명제 $\sim p \vee q$는 논리적으로 동치임을 알 수 있다.

**예제 1.8** 진리표를 만들어 $p \wedge \sim p$가 모순명제임을 보여라.

**풀이** 진리표는 다음과 같다.

| p | ~p | p∧~p |
|---|---|---|
| T | F | F |
| F | T | F |

진리값이 항상 거짓이므로 모순 명제이다.

**정의 1.3 논리적 동치**

합성명제 p, q의 진리값이 서로 같은 경우 이를 **논리적 동치**(logical equivalence)라고 하며, $p \Leftrightarrow q$라고 표시한다. 다른 말로 표현하면 p, q의 쌍방조건 $p \leftrightarrow q$가 항진명제이면 p와 q는 논리적 동치이다.

**예제 1.9** 위의 예제 1.7로부터 $(p \rightarrow q) \Leftrightarrow (\sim p \vee q)$임을 확인하자.

**풀이** 진리표를 통하여 $(p \rightarrow q) \leftrightarrow (\sim p \vee q)$이 항진명제임을 보였다. 따라서 $p \rightarrow q$와 $\sim p \vee q$는 진리값이 같은 논리적 동치이다. 다음 실제 영어문장의 예

로 확인해 보자.

If you do not get to class on time, then you got F.

$\Leftrightarrow$ Either you get to class on time or you got F.

**예제 1.10** 명제 $\sim(p \wedge q) \Leftrightarrow \sim p \vee \sim q$ 임을 확인하라.

**풀이**

| p | q | ~p | ~q | p∧q | ~(p∧q) | ~p∨~q |
|---|---|---|---|---|---|---|
| T | T | F | F | T | F | F |
| T | F | F | T | F | T | T |
| F | T | T | F | F | T | T |
| F | F | T | T | F | T | T |

명제 $\sim(p \wedge q)$의 진리값과 명제 $\sim p \vee \sim q$의 진리값이 같으므로 $\sim(p \wedge q) \Leftrightarrow \sim p \vee \sim q$이다.

두 명제가 논리적 동치 관계일 때 좀 더 간단한 명제를 이용하여 복잡한 합성명제를 단순화시킬 수 있다. 이러한 논리적 동치 관계의 기본법칙들이 표 1.9에 나타나 있다.

표 1.9 ▸ 논리적 동치법칙

| 논리적 동치 | 법칙 이름 |
| --- | --- |
| $p \wedge p \Leftrightarrow p$<br>$p \vee p \Leftrightarrow p$ | 멱등법칙(idempotent law) |
| $p \wedge T \Leftrightarrow p$<br>$p \vee F \Leftrightarrow p$ | 항등법칙(identity law) |
| $p \vee T \Leftrightarrow T$<br>$p \wedge F \Leftrightarrow F$ | 지배법칙(domination law) |
| $p \vee \sim p \Leftrightarrow T$<br>$p \wedge \sim p \Leftrightarrow F$ | 보수법칙(complement law) |
| $p \wedge q \Leftrightarrow q \wedge p$<br>$p \vee q \Leftrightarrow q \vee p$ | 교환법칙(commutative law) |
| $(p \wedge q) \wedge r \Leftrightarrow p \wedge (q \wedge r)$<br>$(p \vee q) \vee r \Leftrightarrow p \vee (q \vee r)$ | 결합법칙(associative law) |
| $p \wedge (q \vee r) \Leftrightarrow (p \wedge q) \vee (p \wedge r)$<br>$p \vee (q \wedge r) \Leftrightarrow (p \vee q) \wedge (p \vee r)$ | 분배법칙(distributive law) |
| $p \wedge (p \vee q) \Leftrightarrow p$<br>$p \vee (p \wedge q) \Leftrightarrow p$ | 흡수법칙(absorption law) |
| $\sim(p \wedge q) \Leftrightarrow \sim p \vee \sim q$<br>$\sim(p \vee q) \Leftrightarrow \sim p \wedge \sim q$ | 드 모르간 법칙(De Morgan's law) |
| $p \rightarrow q \Leftrightarrow \sim p \vee q$ | 함축법칙(implication law) |
| $p \rightarrow q \Leftrightarrow \sim q \rightarrow \sim p$ | 대우법칙(contraposition law) |

두 명제가 논리적 동치임을 증명하는 방법에는 다음 두 가지가 있다.

**- 논리적 동치 증명 방법 -**

1) 진리표 이용
진리표를 이용하여 두 합성명제의 진리값이 같은지 보인다.

2) 논리적 동치 법칙 이용
<표 1.9>에 나와 있는 법칙들을 이용하여 하나의 명제에서 다른 명제를 유도한다.

**예제 1.11** $(p \to q) \wedge (p \to \sim q) \Leftrightarrow \sim p$ 임을 두 가지 방법으로 증명해 보자.

풀이 (1) 진리표 이용

| p | q | ~p | ~q | p→q | p→~q | (p→q) ∧ (p→~q) |
|---|---|---|---|---|---|---|
| T | T | F | F | T | F | F |
| T | F | F | T | F | T | F |
| F | T | T | F | T | T | T |
| F | F | T | T | T | T | T |

(2) 기본법칙 이용

$$
\begin{aligned}
(p \to q) \wedge (p \to \sim q) &\Leftrightarrow (\sim p \vee q) \wedge (\sim p \vee \sim q) && (\because \text{함축법칙}) \\
&\Leftrightarrow \sim p \vee (q \wedge \sim q) && (\because \text{분배법칙}) \\
&\Leftrightarrow \sim p \vee F && (\because \text{보수법칙}) \\
&\Leftrightarrow \sim p && (\because \text{항등법칙})
\end{aligned}
$$

## 1.5 추론

우리는 이제까지 배운 논리 연산들과 논리적 동치의 기본법칙들을 이용하여 어떤 논리적 주장이 타당한지 타당하지 않은지를 구별할 수 있다. 이러한 논리적 주장을 추론이라고 한다.

### 정의 1.4 추론

주어진 명제들이 참인 것을 바탕으로 새로운 명제를 유도하는 과정을 **추론**(argument **또는** inference)이라고 한다. 추론 과정은 다음과 같이 나타내며, "$p_1$ 그리고 $p_2$ ... 그리고 $p_n$ 이다. 그러므로(therefore), $q$다."라고 읽는다.

$$p_1, p_2, \ldots, p_n \vdash q$$

이때, 주어진 명제 $p_1, p_2, \ldots, p_n$ 을 전제(premise), 새로이 유도된 명제 $q$를 결론(conclusion)이라고 한다.

### 정의 1.5 유효 추론과 허위 추론

주어진 명제들이 참이고 결론도 참인 추론을 **유효 추론**(valid argument)이라 하고, 주어진 명제들이 참이고 결론이 거짓인 추론을 **허위 추론**(invalid or fallacious argument)라고 한다.

다음 표는 몇 가지 자주 이용되는 추론 법칙들을 나타낸다.

표 1.10 ▸ 추론 법칙

| 추론 법칙 | 법칙 이름 |
|---|---|
| $p, p \to q \vdash q$ | 긍정 법칙(modus ponens) |
| $\sim q, p \to q \vdash \sim p$ | 부정 법칙(modus tollens) |
| $p \to q, q \to r \vdash p \to r$ | 삼단 논법(syllogism) |

긍정법칙을 살펴보자. 전제 p와 p→q가 참일 경우, 결론인 q도 참이면 주어진 추론은 유효한 추론이다. 따라서 긍정법칙이 유효추론인지를 보이려면 합성명제 $(p \land (p \to q)) \to q$가 항진명제임을 보이거나, 진리표로 전제들이 모두 참인 경우에 결론도 항상 참임을 보이면 된다.

아래와 같이 진리표를 그려보면 합성명제 $(p \land (p \to q)) \to q$가 항진명제임을 알 수 있다. 또한 전제들이 모두 참인 첫 번째 행의 경우에 결론도 항상 참이므로 긍정법칙은 유효

추론이다.

| p | q | $p \to q$ | $p \land (p \to q)$ | $(p \land (p \to q)) \to q$ |
|---|---|---|---|---|
| T | T | T | T | T |
| T | F | F | F | T |
| F | T | T | F | T |
| F | F | T | F | T |

나머지 법칙들도 마찬가지 방법으로 유효함을 증명할 수 있다.
(연습 문제를 통하여 증명해 보도록 하자.)

**예제 1.12** 다음 추론이 유효추론인지 허위추론인지 밝혀라.

로토에 당첨되면 부자가 된다.
나는 부자다.

---

그러므로 나는 로토에 당첨됐다.

**풀이** 위의 추론을 전제와 결론에 대한 명제 형식으로 바꿔보자.

p : 로토에 당첨된다.
q : 부자가 된다.

라고 하면 위의 추론은 $p \to q,\ q \vdash p$이 된다.
진리표를 작성하면 다음과 같다.

| p | q | $p \to q$ |
|---|---|---|
| T | T | T |
| T | F | F |
| F | T | T |
| F | F | T |

전제가 모두 참인 경우는 첫째와 셋째 행이고, 셋째 행의 경우 결론인 p 가 거짓이므로 허위추론이다.

**예제 1.13** 다음 추론이 유효추론인지 허위추론인지 밝혀라.

만약 11이 4보다 작으면, 11은 소수가 아니다.
11은 4보다 작지 않다.

---

그러므로 11은 소수다.

**풀이** 위의 추론을 명제 형식으로 바꾼다.

p : 11은 4보다 작다.
q : 11은 소수다.

라고 하면 위의 추론은 $p \rightarrow \sim q,\ \sim p \vdash q$가 된다.
진리표를 작성하면 다음과 같다.

| p | q | ~q | p→~q | ~p |
|---|---|---|---|---|
| T | T | F | F | F |
| T | F | T | T | F |
| F | T | F | T | T |
| F | F | T | T | T |

전제가 모두 참인 경우는 셋째와 넷째 행이고, 넷째 행의 경우 결론인 q 가 거짓이므로 허위추론이다. 위의 추론의 결론이 우연히 진실(11은 소수이므로)인 것과 추론 자체가 허위인 것은 상관이 없다는 점에 유의하자.

## 1.6 술어와 한정사

명제는 참, 거짓이 명확히 구분되는 문장이다. 하지만 변수를 포함하는 문장은 변수의 값을 모르는 상태에서는 참, 거짓을 판단할 수 없으며, 변수에 값이 주어지면 비로소

참, 거짓을 판단할 수 있다. 이와 같이 변수를 포함하는 문장을 술어라고 한다.

**정의 1.6 술어와 술어논리**

**술어**(predicate)는 유한개의 변수들을 가진 문장이며, 특정값을 변수에 대입하면 명제가 된다. 일반적으로 $n$개의 변수 $x_1, x_2, \cdots, x_n$에 대한 술어를 다음과 같이 표시한다.

$$p(x_1, x_2, \cdots, x_n)$$

이러한 형식의 논리를 명제논리와 구분하여 **술어논리**(predicate logic)라고 한다.

**예제 1.14** 술어 $p(x)$가 $x^2 - 3x + 2 = 0$일 때, $p(2)$와 $p(3)$의 진리값을 구하여라.

**풀이** 주어진 방정식의 해는 1과 2이므로 $p(2)$는 참이고, $p(3)$는 거짓이 된다.

**예제 1.15** $q(x, y)$가 "x는 y의 수도이다."일 때 $q$(서울, 대한민국)은 참이고, $q$(뱅쿠버, 호주)는 거짓이다.

**정의 1.7 전체 한정사**

"변수 $x$가 가지는 모든 값에 대하여 술어 $p(x)$는 참이다."라는 명제를 기호 $\forall$을 이용하여 다음과 같이 나타내며, "모든 $x$에 대하여 $p(x)$는 참이다." 또는 "For all $x$, $p(x)$."라고 읽는다.

$$\forall x\ p(x)$$

여기서 $\forall$을 $p(x)$의 **전체 한정사**(universal quantifier)라고 한다.

**정의 1.8 존재 한정사**

"변수 $x$값의 범위 중에서 $p(x)$가 참인 $x$가 존재한다."라는 명제를 기호 ∃을 이용하여 다음과 같이 나타내며, "어떤 $x$에 대하여 $p(x)$가 참인 $x$가 존재한다." 또는 "There exists an $x$ such that $p(x)$."라고 읽는다.

$$\exists x\, p(x)$$

여기서 ∃을 $p(x)$의 **존재 한정사**(existential quantifier)라고 한다.

**예제 1.16** x는 새이고 $p(x)$는 "x는 날 수 있다."일 때, 다음 명제를 일반 문장으로 서술해 보자.

(1) $\sim(\forall x\ p(x))$

(2) $\sim(\exists x\ p(x))$

(3) $\forall x\ (\sim p(x))$

(4) $\exists x\ (\sim p(x))$

풀이 (1) 모든 새가 날 수 있는 것은 아니다.

(2) 날 수 있는 새가 존재하지 않는다.

(3) 모든 새는 날 수 없다.

(4) 날 수 없는 새가 존재한다.

위 예로부터 1번과 4번은 논리적으로 같은 의미이고, 2번과 3번도 같은 의미임을 알 수 있다. 따라서 일반적으로 다음 식이 성립한다.

$$\sim(\forall x\ p(x)) \Leftrightarrow \exists x\ (\sim p(x))$$
$$\sim(\exists x\ p(x)) \Leftrightarrow \forall x\ (\sim p(x))$$

**예제 1.17** x는 실수, $p(x)$는 $x^2 > x$ 일 때, 다음 명제들의 진리값을 구하여라.

(1) $\forall x\ p(x)$

(2) $\exists x\ p(x)$

풀이 (1) x가 1보다 작은 값일 때는 $p(x)$는 거짓이므로 모든 실수에 대하여 $p(x)$가 참이 되는 것은 아니다. 따라서 주어진 명제는 거짓이 된다.

(2) x가 2일 때 $p(x)$는 참이다. $p(x)$를 만족하는 실수 x가 존재하므로 이 명제는 참이다.

**예제 1.18** x, y는 실수, $q(x, y)$는 $x+y=0$일 때, 다음 명제들을 기술하고 진리값을 구하여라.

(1) $\exists x \exists y\ q(x, y)$

(2) $\forall x \forall y\ q(x, y)$

(3) $\exists y \forall x\ q(x, y)$

(4) $\forall x \exists y\ q(x, y)$

풀이 (1) "$x+y=0$을 만족하는 실수 $x$, $y$가 존재한다." $x=0$, $y=0$일 때 $x+y=0$이 성립하므로 참이다.

(2) "모든 실수 $x$, $y$에 대하여 $x+y=0$이 성립한다." $x=1$, $y=2$일 때 $x+y=0$이 성립하지 않으므로 거짓이다.

(3) "어떤 실수 y가 존재하는데, 그 y는 모든 실수 x에 대하여 $x+y=0$을 만족한다."는 의미가 되며(모든 실수 x에 대하여 $x+y=0$을 만족하는 어떤 특정한 실수 y가 존재한다는 의미), 그러한 실수 y는 존재하지 않으므로 이 문장은 거짓이다.

4) "모든 실수 x에 대하여 실수 y가 존재하여 $x+y=0$을 만족한다."는 문장이 되며 이 문장은 참이다. 왜냐하면 모든 실수 x에 대하여 $x+y=0$이 성립되는 어떤 y가 항상 존재하기 때문이다(…, −1에 대해서는 1, 0에 대해서는 0, 1에 대해서는 −1,…).

# 연습문제

1. 다음 문장들의 참, 거짓을 판단하라.

   (1) 이 문장의 답은 5번문장의 답과 다르다.

   (2) 이 문장의 답은 3번문장의 답과 다르다.

   (3) 이 문장의 답은 4번문장의 답과 같다.

   (4) 이 문장의 답은 2번문장의 답과 다르다.

   (5) 이 문장의 답은 1번문장의 답과 같다.

2. 다음 문장들의 참, 거짓을 판단하라.

   (1) 문장 4는 거짓이다.

   (2) 문장 5는 거짓이다.

   (3) 문장 1는 거짓이다.

   (4) 문장 2는 거짓이다.

   (5) 이 문장의 답은 위의 답들 중 최소한 두 개와 동일하다.

3. (Raymond Smullyan의 논리 퍼즐 중 발췌)

   폭군인 어느 왕이 원형 경기장에 두 방 A와 B를 만든 다음 각 방에 아래와 같이 팻말을 붙였다.

   A방 팻말 : 방 A에 호랑이가 있거나 (OR) 방 B에 여성이 있습니다.
   B방 팻말 : 방 A에는 여성이 있습니다.

   그리고 왕은 죄수 한 명을 불러 아래와 같이 말했다.

첫째, 방 A, B에는 호랑이 또는 여성이 들어 있다.
(둘 다 여성일 수도 있고 둘 다 호랑이일 수도 있고 하나만 호랑이일 수도 있는데 어느 방도 비어있지 않다.)
둘째, 팻말 A, B는 둘 다 참이거나 둘 다 거짓이다.
셋째, 팻말의 OR 구문은 둘 다 거짓일 경우만 거짓이다.(포함적 OR)
넷째, 너는 이제부터 한 문만 선택할 수 있다. 여성이면 결혼해서 행복하게 살 수 있을 것이고 호랑이면 죽음이다.

이 죄수는 살기 위해서는 어떤 선택을 해야 하는가?

① 방 A를 선택한다.
② 방 B를 선택한다.
③ 어느 방도 선택하지 않는다. (둘 다 호랑이라고 판단했을 경우)
④ 아무 방이나 선택한다. (둘 다 여성이라고 판단했을 경우)
⑤ 이것만으로는 정보가 부족하다고 왕에게 항의한다.

**4.** 다음 문장 중에서 명제를 찾고, 명제인 경우 진리값을 구하라.

(1) 1+2=6

(2) 2+6=8

(3) x+4=7

(4) 일본의 수도는 북경이다.

(5) 미국은 아름다운 나라이다.

(6) 임의의 자연수 x와 2x 사이에는 적어도 하나의 소수가 존재한다.

**5.** 다음 명제에 대한 진리표를 작성하라.

(1) $\sim(\sim q \wedge \sim p)$

(2) $(\sim q \vee \sim p) \wedge p$

(3) $(p \vee \sim q) \rightarrow p$

(4) $p \leftrightarrow (\sim p \vee \sim q)$

6. 다음 명제가 항진 명제인지 판단하라.

$$(\sim p \wedge (p \rightarrow q)) \rightarrow \sim p$$

7. 논리적 동치법칙을 이용하여 다음 명제를 간단히 하여라.

(1) $\sim (p \wedge \sim q)$

(2) $\sim (\sim p \rightarrow q)$

(3) $\sim (\sim p \vee (p \rightarrow \sim q))$

(4) $(p \wedge q \wedge r) \vee (q \wedge r)$

8. 부정법칙이 유효추론임을 보여라.

9. 삼단논법이 유효추론임을 보여라.

10. 다음 추론이 유효추론인지 허위추론인지 밝혀라.

로토에 당첨되면 부자가 된다.
로토에 당첨되면 오래살 수 있다.

---

그러므로 부자가 되면 오래 살 수 있다.

11. x는 학생이고 $p(x)$는 "x는 한 달에 한번 이상 영화관에 간다."일 때, 다음 명제를 일반 문장으로 표현하고, 서로 논리적 동치인 명제를 찾아라.

(1) $\forall x\ p(x)$

(2) $\exists x\ p(x)$

(3) $\sim (\forall x\ p(x))$

(4) $\sim (\exists x\ p(x))$

(5) $\forall x\ (\sim p(x))$

(6) $\exists x\,(\sim p(x))$

**12.** x, y는 실수, $q(x, y)$는 $x+y=x-y$ 일 때, 다음 명제들의 진리값을 구하라.

(1) $\exists x \exists y\; q(x, y)$

(2) $\forall x \forall y\; q(x, y)$

(3) $\exists y \forall x\; q(x, y)$

(4) $\forall y \exists x\; q(x, y)$

**13.** x, y는 실수, $q(x, y)$는 $x^2 \geq y^2$일 때, 다음 명제들의 진리값을 구하라.

(1) $\forall x \forall y\; q(x, y)$

(2) $\exists x \forall y\; q(x, y)$

(3) $\forall x \exists y\; q(x, y)$

# 제2장

# 집합론

이산수학

집합론은 19세기 말 독일의 수학자 **칸토어**(Georg Cantor, 1845~1918)에 의하여 제안되었으며, 당시의 많은 수학자들은 그의 이론의 정당성을 인정하지 않았으나 여러 논란들에도 불구하고 오늘날 집합론은 논리와 더불어 수학적 사고의 기본 개념으로 간주되고 있다.

## 2.1 집합의 개념

**정의 2.1 집합**

**집합**(set)이란 공통된 특성을 갖는 서로 다른(disjoint) 객체들의 모임이다. 집합은 A, B, C, … 등의 알파벳 대문자로 표기하고, 집합에 속하는 객체를 **원소**(element 또는 member)라고 하며 a, b, c, … 등의 소문자로 표기한다. $a \in A$는 a가 집합 A의 원소임을 나타내고, $a \notin A$는 a가 집합 A의 원소가 아님을 나타낸다.

집합을 표현하는 방법으로는 원소 나열법과 조건 제시법이 사용된다. **원소 나열법**은 집합의 원소들을 { } 사이에 하나씩 나열하는 방법이다. 예를 들어, 1부터 5까지의 자연수의 집합을 원소 나열법으로 나타내면 다음과 같다.

$$S=\{1,\ 2,\ 3,\ 4,\ 5\}$$

여기서 의미가 명확한 경우 모든 원소를 나열하는 대신에 …을 이용할 수 있는데, 예를 들면 $\{a,\ b,\ \cdots,\ z\}$는 소문자 알파벳의 집합을 의미한다.

**조건 제시법**은 집합의 원소들이 가지고 있는 특정한 성질을 기술하여 나타내는 방법이다. 조건 제시법의 표현은 $S=\{x \mid p(x)\}$와 같이 나타낸다. 여기서 $x$는 원소를 대표하는 변수이고, $p(x)$는 원소들이 가지고 있는 성질을 나타낸다. 예를 들어, 1부터 5까지의 자연수의 집합을 조건 제시법으로 나타내면 다음과 같다.

$$S=\{x \mid 1 \le x \le 5,\ x\text{는 자연수}\}$$

**예제 2.1** 집합 $A=\{2, 3, 5, 7, 11, 13, 17, 19\}$를 조건 제시법으로 나타내어라.

풀이 $A=\{x \mid x<20$, $x$는 소수$\}$

**예제 2.2** 집합 $B=\{x \mid x^2-8x+15=0\}$를 원소 나열법으로 나타내어라.

풀이 $B=\{3, 5\}$

**정의 2.2 전체 집합과 공집합**

논의 대상(universe of discourse)이 되는 일정한 집합을 **전체 집합**(universal set)이라 하고 $U$로 표기하며, 하나의 원소도 갖지 않는 집합을 **공집합**(empty set)이라 하고 { } 또는 ∅로 표시한다.

**예제 2.3** $A=\{x \mid x^2=-1$, $x$는 양의 정수$\}$는 어떤 집합인가?

풀이 조건을 만족하는 양의 정수가 존재하지 않으므로 $A$는 공집합이다.

**정의 2.3 상등**

두 집합 A와 B의 원소가 동일할 때 두 집합 A와 B는 서로 같다 또는 **상등**(equal)이라고 하고, A=B로 표기한다. 즉, a∈A면 a∈B고, a∈B면 a∈A일 때, A=B이다.

**정의 2.4 부분 집합과 진부분 집합**

집합 A의 모든 원소가 집합 B에 포함될 때 A를 B의 **부분 집합**(subset)이라 하고 A⊆B로 표기한다. 또한 A가 B의 부분 집합이 아닐 경우 A⊈B로 표기한다. 부분 집합 A⊆B에서 A≠B인 경우 이를 **진부분 집합**(proper subset)이라고 하며 A⊂B로 표기한다. 또한 A가 B의 진부분 집합이 아닐 경우 A⊄B로 표기한다.

**예제 2.4** 집합 $S=\{1, 2, 3\}$의 부분 집합과 진부분 집합을 구하여라.

풀이 $S$의 부분 집합은 $\varnothing$, $\{1\}$, $\{2\}$, $\{3\}$, $\{1, 2\}$, $\{1, 3\}$, $\{2, 3\}$, $\{1, 2, 3\}$이고, 진부분 집합은 자기 자신인 $\{1, 2, 3\}$을 제외한 나머지 집합들이다.

다음은 집합의 여러 가지 성질들을 정리한 것이다.

**집합의 여러 가지 성질들**

(1) $A_1=\{a, b\}$, $A_2=\{\{a, b\}\}$, $A_3=\{\{\{a, b\}\}\}$일 때,
$a \in A_1$, $a \notin A_2$, $a \notin A_3$, $A_1 \in A_2$, $A_1 \notin A_3$, $A_2 \in A_3$이다.

(2) 모든 집합 $A$에 대하여 $A$는 $A$의 부분 집합이다.

(3) 모든 집합 $A$에 대하여, $\varnothing \subseteq A \subseteq U$이다. 즉, 공집합은 모든 집합의 부분 집합이며, 모든 집합은 전체 집합의 부분 집합이다. 그러나 공집합이 모든 집합의 원소가 되는 것은 아니다.

(4) 집합 $\{\varnothing\}$는 집합 $\{\{\varnothing\}\}$의 부분 집합이 아니고 원소이다.

(5) 두 집합 $A$, $B$가 서로 부분 집합의 관계에 있으면 $A=B$이다.
즉, $A=B$일 필요충분조건은 $A \subseteq B$이고 $B \subseteq A$이다.

(6) 집합 $A$, $B$, $C$가 있을 때, $A \subseteq B$이고 $B \subseteq C$이면 $A \subseteq C$이다.

(7) 집합 $A$의 원소의 개수가 $n$개이면 $A$의 부분 집합의 개수는 $2^n$이며, 진부분 집합의 개수는 $2^n-1$이다.

■ ■ ■ ■ ■

## 2.2 집합의 기본 연산

집합과 집합 사이의 관계를 표현할 때 벤 다이어그램(Venn diagram)을 이용하면 효율적이다. 전체 집합은 직사각형으로 나타내고, 표현하고자 하는 집합들은 원으로 나타낸다. 그림 2.1은 벤 다이어그램을 이용하여 집합들 사이의 관계를 표현한 예이다. 모든 집합들은 주어진 전체 집합 $U$의 부분 집합이라 할 수 있다.

(1) $A \supset B$인 경우

(2) $A$, $B$가 공통 원소를 갖는 경우

(3) $A$, $B$가 공통 원소를 갖지 않는 경우(서로소: disjoint)

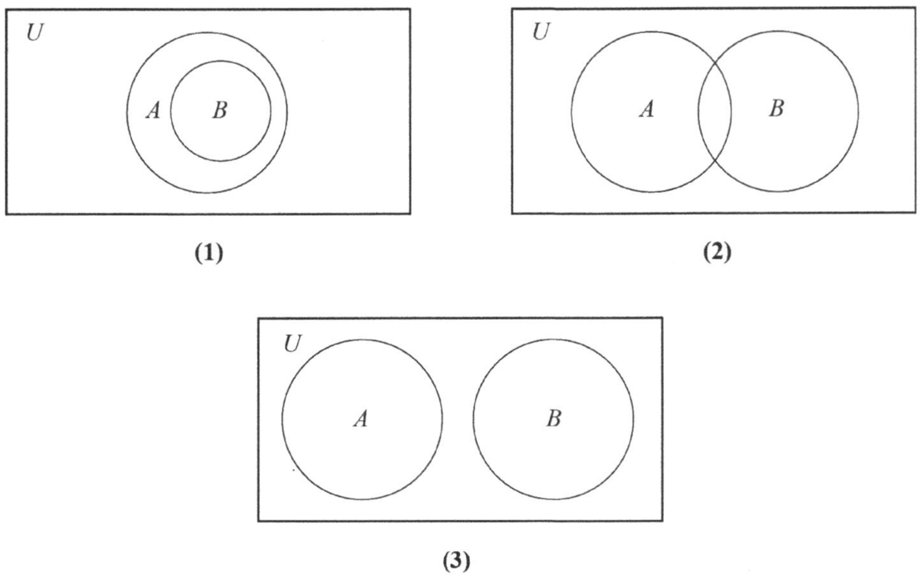


그림 2.1 ▶ 벤다이어그램을 이용한 집합의 표현

**정의 2.5 여집합**

전체 집합 $U$의 부분 집합 A에 대하여 $x \in U$이고 $x \notin A$인 원소 $x$들의 모임을 집합 A의 **여집합**(complement)이라고 하며, 다음과 같이 나타낸다.

$$\overline{A} = \{x \mid x \in U \wedge x \notin A\}$$

여집합 $\overline{A}$을 벤 다이어그램으로 나타내면 그림 2.2와 같다.

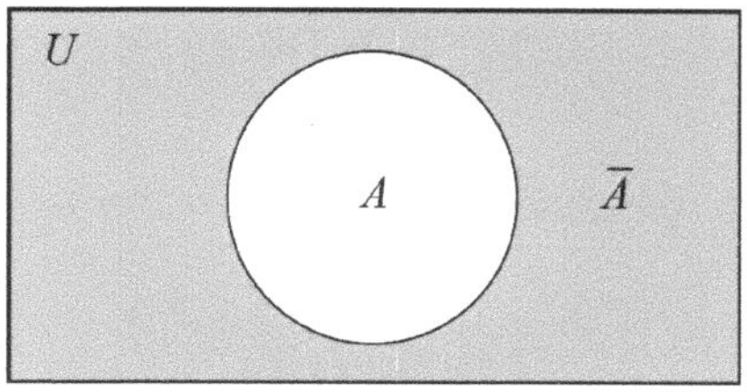

그림 2.2 ▸ 집합 A의 여집합

**예제 2.5** 전체 집합 $U$가 정수이고 $A$를 음의 정수의 집합이라고 할 때, $A$의 여집합을 구하여라.

**풀이** 집합 $A$의 여집합은 0과 양의 정수들의 집합이다.

**정의 2.6 합집합**

A와 B가 집합일 때, A와 B의 **합집합**(union)은 A 또는 B에 속하는 모든 원소들로 구성된 집합이며, 다음과 같이 나타낸다.

$$A \cup B = \{x \mid x \in A \lor x \in B\}$$

집합 $A \cup B$를 벤 다이어그램으로 나타내면 그림 2.3과 같다.

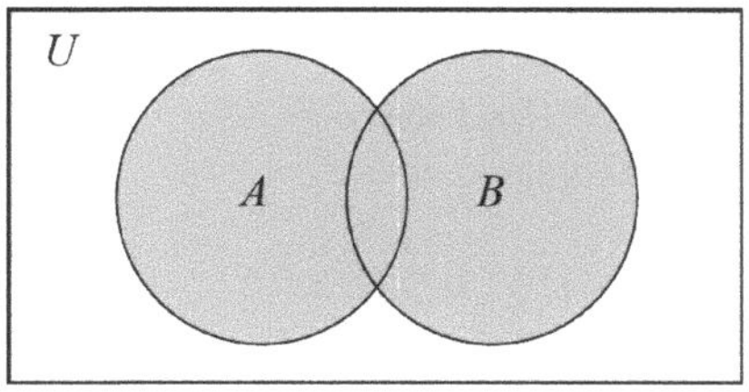

그림 2.3 ▸ 합집합 A∪B

**예제 2.6** $A=\{1, 2, 3\}$, $B=\{3, 4, 5\}$일 때 $A \cup B$를 구하여라.

**풀이** $A \cup B=\{1, 2, 3, 4, 5\}$

**정의 2.7 교집합**

A와 B가 집합일 때, A와 B의 **교집합**(intersection)은 A와 B에 모두 속하는 원소들로 구성된 집합이며, 다음과 같이 나타낸다.

$$A \cap B = \{x \mid x \in A \wedge x \in B\}$$

집합 $A \cap B$를 벤 다이어그램으로 나타내면 그림 2.4와 같다.

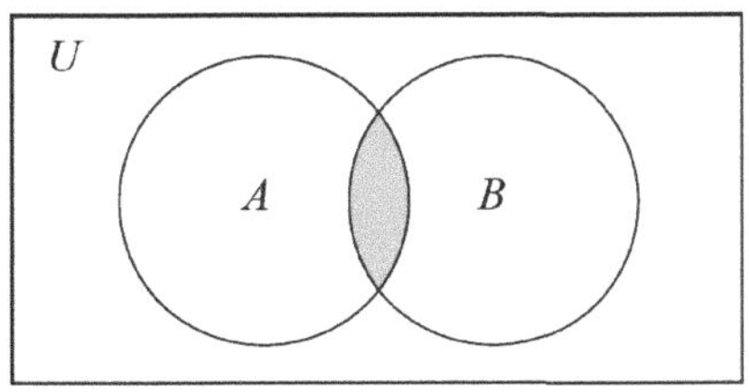


그림 2.4 ▸ 교집합 A∩B

**예제 2.7** $A=\{1, 2, 3\}$, $B=\{3, 4, 5\}$일 때 $A \cap B$를 구하여라.

풀이 $A \cap B = \{3\}$

**정의 2.8 차집합**

A와 B가 집합일 때, A와 B의 **차집합**(difference)은 A에는 속하고 B에는 속하지 않는 원소들로 구성된 집합이며, 다음과 같이 나타낸다.

$$A - B = \{x \mid x \in A \wedge x \notin B\}$$

집합 $A-B$를 벤 다이어그램으로 나타내면 그림 2.5와 같다.

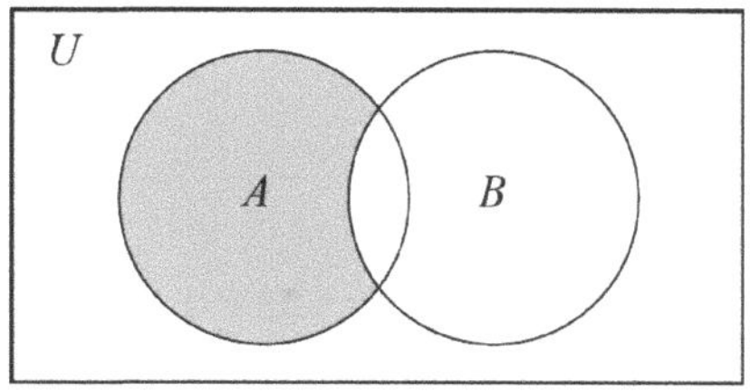


그림 2.5 ▸ 차집합 A−B

**예제 2.8** $A=\{1, 2, 3\}$, $B=\{3, 4, 5\}$일 때 $A-B$를 구하여라.

풀이 $A-B=\{1, 2\}$

**정의 2.9 대칭 차집합**

A와 B가 집합일 때, A와 B의 **대칭 차집합**(symmetric difference)은 A∪B의 원소 중에서 A∩B에 속하지 않는 원소들로 구성된 집합이며, 다음과 같이 나타낸다.

$$
\begin{aligned}
A \oplus B &= \{x \mid x \in A \cup B \ \land \ x \notin A \cap B\} \\
&= \{x \mid x \in A - B \ \lor \ x \in B - A\} \\
&= \{x \mid (x \in A \ \land \ x \notin B) \ \lor \ (x \notin A \ \land \ x \in B)\}
\end{aligned}
$$

집합 $A \oplus B$를 벤 다이어그램으로 나타내면 그림 2.6와 같다.

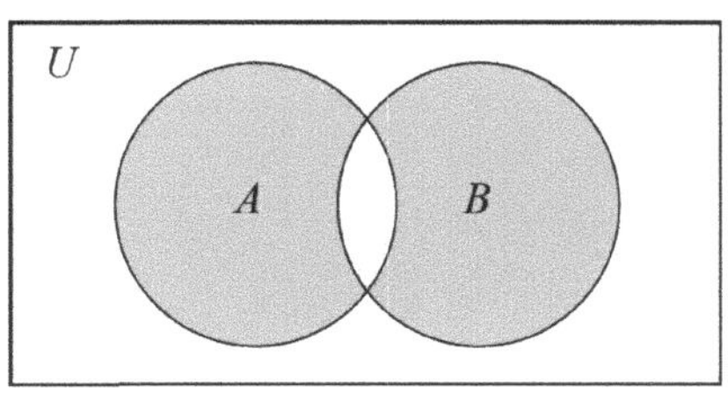


그림 2.6 ▸ 대칭 차집합 A⊕B

**예제 2.9** $A=\{1, 2, 3\}$, $B=\{3, 4, 5\}$일 때 $A \oplus B$를 구하여라.

풀이 $A \cup B=\{1, 2, 3, 4, 5\}$, $A \cap B=\{3\}$이므로, $A \oplus B=\{1, 2, 4, 5\}$가 된다.

집합에서도 논리의 동치법칙처럼 기본적인 대수법칙들이 성립한다. <표 2.1>은 집합의 대수법칙을 보여주고 있다.

표 2.1 ▶ 집합의 대수법칙

| 법칙 | 법칙 이름 |
|---|---|
| $A \cap A = A$<br>$A \cup A = A$ | 멱등법칙(idempotent law) |
| $A \cap U = A$<br>$A \cup \varnothing = A$ | 항등법칙(identity law) |
| $A \cup U = U$<br>$A \cap \varnothing = \varnothing$ | 지배법칙(domination law) |
| $A \cup \overline{A} = U$<br>$A \cap \overline{A} = \varnothing$ | 보수법칙(complement law) |
| $A \cap B = B \cap A$<br>$A \cup B = B \cup A$ | 교환법칙(commutative law) |
| $(A \cap B) \cap C = A \cap (B \cap C)$<br>$(A \cup B) \cup C = A \cup (B \cup C)$ | 결합법칙(associative law) |
| $A \cap (B \cup C) = (A \cap B) \cup (A \cap C)$<br>$A \cup (B \cap C) = (A \cup B) \cap (A \cup C)$ | 분배법칙(distributive law) |
| $A \cap (A \cup B) = A$<br>$A \cup (A \cap B) = A$ | 흡수법칙(absorption law) |
| $\overline{A \cap B} = \overline{A} \cup \overline{B}$<br>$\overline{A \cup B} = \overline{A} \cap \overline{B}$ | 드 모르간 법칙(De Morgan's law) |

## 2.3 곱집합과 멱집합

두 집합 $A$, $B$가 있을 때 집합 $A$에 있는 원소 $a$와 집합 $B$에 있는 원소 $b$에 대하여 $(a, b)$를 순서쌍(ordered pair)라고 한다. 순서쌍은 순서로 구분되는 원소들의 쌍이므로, $a \neq$

$b$이면 $(a, b) \neq (b, a)$이다. 또한 두 순서쌍이 $(a, b)=(c, d)$이면, $a=c$이고 $b=d$이다.

**정의 2.10 곱집합**

A와 B가 집합일 때, A와 B의 **곱집합**(Cartesian product)은 $x \in A$이고 $y \in B$인 모든 순서쌍 (x, y)의 집합을 말하며 다음과 같이 나타낸다.

$$A \times B = \{(x, y) \mid x \in A \land y \in B\}$$

곱집합의 정의는 다음과 같이 일반적으로 확장할 수 있다.

$$S_1 \times S_2 \times \cdots \times S_n = \{(x_1, x_2, \cdots, x_n) \mid x_i \in S_i\}$$

이때 n개의 집합에서 하나씩 원소를 취하여 만든 순서쌍 $(x_1, x_2, \cdots, x_n)$, $x_i \in S_i$을 **n중 순서쌍**(ordered n−tuple)이라고 한다.

**예제 2.10** $A=\{1, 2\}$, $B=\{a, b, c\}$일 때, $A \times B$를 구하라.

**풀이** 다음과 같은 6개의 순서쌍으로 구성된다.

$A \times B=\{(1, a), (1, b), (1, c), (2, a), (2, b), (2, c)\}$

**예제 2.11** $A=\{1, 2\}$, $B=\{a, b, c\}$, $C=\{x, y\}$일 때, $A \times B \times C$를 구하라.

**풀이** 다음과 같은 12개의 3중 순서쌍(ordered triple)으로 구성된다.

$A \times B \times C=\{(1, a, x), (1, a, y), (1, b, x), (1, b, y), (1, c, x), (1, c, y), (2, a, x), (2, a, y), (2, b, x), (2, b, y), (2, c, x), (2, c, y)\}$

**정의 2.11 집합의 카디널리티**

유한 집합 S에 있는 서로 다른 원소들의 개수를 집합 S의 **카디널리티**(cardinality)라고 하고 |S|로 표기한다.

**예제 2.12** $A=\{1, 2, 3, 4, 5\}$일 때, 집합 $A$의 카디널리티 $|A|=5$이다.

### 집합 연산의 카디널리티

집합 $A$, $B$, $C$가 유한 집합일 때 다음 식들이 성립한다.

(1) $|A \cup B|=|A|+|B|-|A \cap B|$

(2) $|A \cap B|=|A|+|B|-|A \cup B|$

(3) $|A \cup B \cup C|=|A|+|B|+|C|-|A \cap B|-|A \cap C|-|B \cap C|+|A \cap B \cap C|$

(4) $|A-B|=|A \cap \overline{B}|= |A|-|A \cap B|$

(5) $|A \times B|=|A| \cdot |B|$

■ ■ ■ ■ ■

**정의 2.12 멱집합**

임의의 집합 S에 대하여 A의 모든 부분 집합을 원소로 갖는 집합을 **멱집합**(power set)이라고 하며, 다음과 같이 나타낸다.

$$P(S)=\{A \mid A \subseteq S\}$$

멱집합의 카디널리티는 다음과 같다.

$$|P(S)|=2^{|S|}$$

**예제 2.13** 집합 $A=\{a, b\}$일 때 $A$의 멱집합을 구하라.

풀이 $P(A)=\{\varnothing, \{a\}, \{b\}, \{a, b\}\}$

**예제 2.14** 집합 $B=\{1, \varnothing\}$일 때 B의 멱집합을 구하라.

풀이 $\varnothing$는 집합 $B$의 원소이며, 동시에 부분집합이다. 즉, $\varnothing \in B$이고 $\varnothing \subseteq B$이다. 따라서 $P(B)=\{\varnothing, \{1\}, \{\varnothing\}, \{1, \varnothing\}\}$이다.

## 2.4 유한 집합과 무한 집합

집합론의 창시자라고 할 수 있는 칸토어는 일대일 대응성을 바탕으로 한 무한집합의 카디널리티에 대한 개념을 확립하였으며, 같은 무한 집합이라도 자연수의 집합보다 실수의 집합의 카디널리티가 더 크다는 것이 칸토어에 의하여 처음으로 증명되었다.

**정의 2.13 유한 집합과 무한 집합**

집합의 원소의 개수가 유한인 경우, 그 집합을 **유한 집합**(finite set)이라 하고, 유한이 아닌 경우 **무한 집합**(infinite set)이라고 한다.

다음은 통상적으로 사용되는 수의 집합을 나타내는 기호들이다.

**수집합 기호들**

$S_n$ : 1부터 $n$까지의 자연수의 집합

$N$ : 자연수의 집합

$Z$ : 정수의 집합

$Q$ : 유리수의 집합

$R$ : 실수의 집합

위의 수집합 중에서 $S_n$만 유한 집합이고 나머지 수집합들은 무한 집합들이다. 집합을 분류하는 다른 기준은 원소들을 셀 수 있는지의 여부이다.

**정의 2.14 가산, 불가산, 가부번 집합**

유한과 무한에 상관없이 원소들을 셀 수 있는 집합을 **가산 집합**(countable set)이라고 하며, 가산이면서 무한한 원소를 갖는 집합을 **가산 무한 집합**(countably infinite set) 또는 **가부번 집합**(denumerable set)이라고 한다. 원소들을 셀 수 없는 집합을 **불가산 집합**(uncountable set)이라고 한다.

어떤 무한 집합을 셀 수 있는지 없는지는 그 집합의 원소들이 자연수 집합의 원소들과 일대일 대응이 되는가의 여부에 달려있다. 즉, 주어진 무한 집합의 원소들을 자연수의 원소들 1, 2, 3,… 과 하나씩 대응시키는 방법이 존재한다면 그 집합은 가산 무한(가부번) 집합이다. 그림 2.7은 이러한 기준으로 수집합을 분류한 것이다. 칸토어에 의한 이러한 무한 분류 개념을 요약하면 다음과 같다.

$$|N| = |Z| = |Q| = \aleph_0,$$
$$|R| = 2^{|N|} = 2^{\aleph_0}$$

즉, 칸토어는 자연수 집합의 카디널리티를 $\aleph_0$(Aleph zero)라고 표기하고, 정수와 유리수 집합의 카디널리티가 자연수 집합의 카디널리티와 같다는 것을 증명하였다. 칸토어는 여기서 더 나아가 실수 집합의 카디널리티는 $\aleph_0$보다 크며 $2^{\aleph_0}$이라는 것을 증명하였으며, 이를 $\aleph_1$라고 표기하였다. 그러나 $\aleph_0$과 $\aleph_1$사이에 다른 차원의 집합이 존재하는지 그리고 그 이상의 차원을 갖는 무한이 존재하는지의 여부를 증명하려 하였으나 증명하지 못하였다. 칸토어는 '유리수 집합보다는 크지만 실수 집합보다는 작은 무한집합이 존재하는가'라는 이 문제에 대하여 그런 무한집합이 없을 것이라고 예상했는데, 이것을 칸토어의 **'연속체 가설'**이라고 한다. 이 문제는 괴델(Kurt Gödel, 1906~1978)과 코헨(Paul Cohen, 1934~2007)에 의하여 기존 집합의 공리로는 연속체 가설을 증명할 수 없음이 증명되었다.

그림 2.8은 일반적으로 수를 분류하는 방법을 나타내고 있다. 여기서 대수적 무리수란 유리 계수를 갖는 다항 방정식의 해로 산출 가능한 수로서 $\sqrt{2}$ 등이 해당된다. 초월수(transcendental number)는 비대수적인 무리수로서 실수의 대부분을 차지하며 원주율 π 등이 해당된다. 칸토어는 무리수 중에서 대수적 무리수의 카디널리티는 자연수의 카디널리티와 같다는 것도 증명하였다. 실수 중에서 초월수의 집합만이 셀 수 없는 무한집합인 것이다.

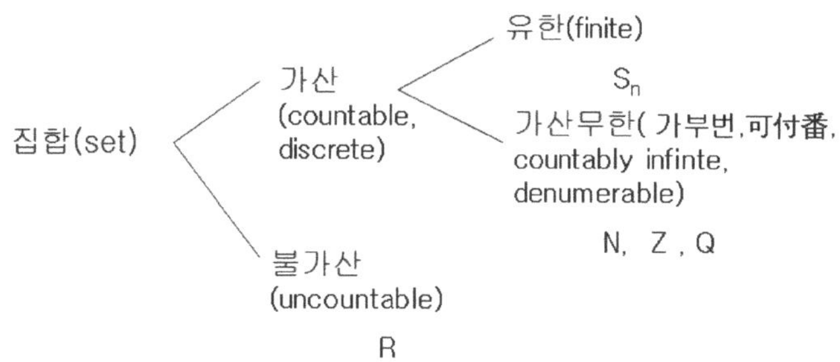


그림 2.7 ▸ 집합의 분류

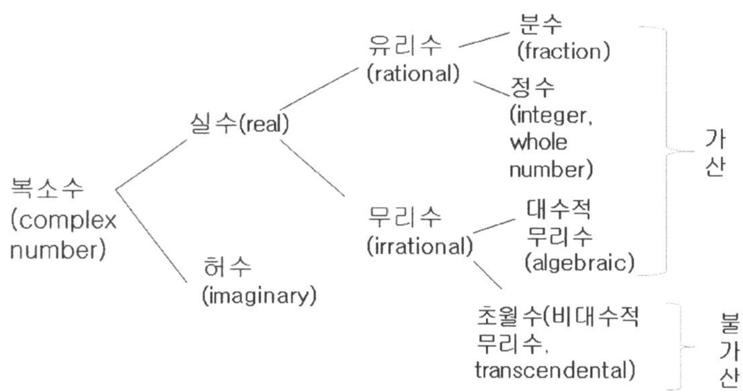


그림 2.8 ▸ 수의 분류

## 2.5 집합의 분할

**정의 2.15 집합의 분할**

공집합이 아닌 임의의 집합 S를 서로소이면서 공집합이 아닌 S의 부분집합으로 나눈 것을 S의 **분할**(partition)이라고 한다. S의 분할 $\pi=\{S_1, S_2, \cdots, S_k\}$는 다음과 같은 조건을 만족시켜야 한다.

(1) $i=1, 2, \cdots, k$에 대하여 $S_i$는 공집합이 아닌 S의 부분집합이다.

(2) $S=S_1 \cup S_2 \cup \cdots \cup S_k$

(3) $i \neq j$면 $S_i \cap S_j = \varnothing$

여기서 집합 $S_i$를 분할의 블록(block)이라고 한다.

그림 2.9는 5개의 블록으로 분할된 집합 $S$를 보여준다.

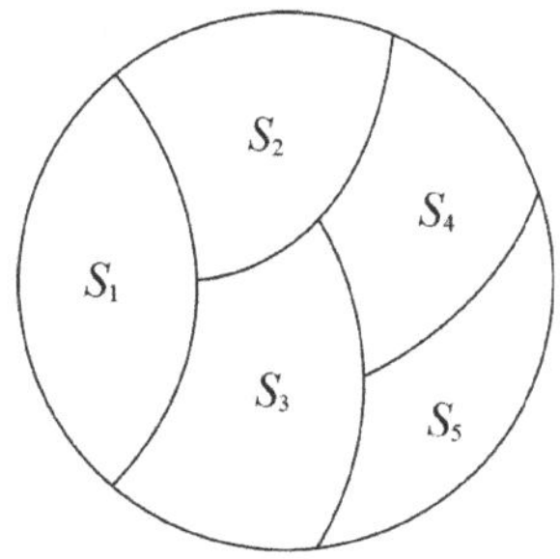


그림 2.9 ▶ 집합 S의 분할

**예제 2.15** $S=\{1, 2, 3, 4, 5, 6, 7, 8\}$, $S_1=\{1, 6, 8\}$, $S_2=\{2, 3\}$, $S_3=\{4\}$, $S_4=\{5, 7\}$일 때, $\pi=\{S_1, S_2, S_3, S_4\}$가 $S$의 분할임을 보여라.

**풀이** 분할의 3가지 조건을 만족하는지 확인한다.

(1) $S_1$, $S_2$, $S_3$, $S_4$는 모두 공집합이 아닌 $S$의 부분집합이다.

(2) $S_1 \cup S_2 \cup S_3 \cup S_4 = S$이다.

(3) $S_1$, $S_2$, $S_3$, $S_4$ 중 어느 두 집합의 교집합도 공집합이다.

따라서 $\pi$는 $S$의 분할이다.

# 연습문제



1. 집합 $A=\{4, 8, 12, 16, 20\}$를 조건 제시법으로 나타내어라.

2. 집합 $A=\{x \mid 0<x\leq 20,\ x$는 3의 배수$\}$를 원소나열법으로 나타내어라.

3. $U=\{1, 2, \cdots, 9\}$이고 집합 $A=\{1, 2, 3, 4, 5\}$, $B=\{4, 5, 6, 7\}$, $C=\{5, 6, 7, 8, 9\}$, $D=\{1, 3, 5, 7, 9\}$일 때 다음을 구하라.

   (1) $A\cup B$와 $A\cap B$
   (2) $B\cup D$와 $B\cap D$
   (3) $\overline{A}$와 $\overline{D}$
   (4) $A-B$와 $B-A$
   (5) $A\oplus B$와 $C\oplus D$
   (6) $A\cap(B\cup D)$
   (7) $\overline{A-B}\cap\overline{B-A}$
   (8) $\overline{A-B}\oplus\overline{B-A}$

4. 집합 $A-B=\{1,2,3\}$, $B-A=\{7,8,9\}$, $A\cap B=\{4,5,6\}$이 때 집합 $A, B$를 구하라.

5. 다음 조건에 맞는 벤 다이어그램을 작성하라.

   (1) $(A\cup B)\subseteq B$, $B\not\subseteq A$
   (2) $A\subseteq B$, $A\subseteq C$, $(B\cap C)\subseteq A$, $A\subseteq(B\cap C)$
   (3) $(A\cap B\cap C)=\phi$, $(A\cap B)\neq\phi$, $(A\cap C)\neq\phi$, $(B\cap C)\neq\phi$

6. 60명을 대상으로 $A$, $B$, $C$ 세 종류의 잡지에 대한 구독 현황을 조사하였다. $A$를 25명, $B$를 26명, $C$를 26명이 구독하였고, $A$와 $B$를 구독한 사람이 11명, $A$와 $C$를 구독한 사람이 9명, $B$와 $C$를 구독한 사람이 8명이었고, 3명은 3 가지를 모두 구독하였다.

   (1) 3 잡지 중 적어도 하나를 구독한 사람은 몇 명인가?

   (2) 하나의 잡지만 구독한 사람은 몇 명인가?

7. 집합 $S=\{1, 2, 3\}$의 멱집합 $P(S)$를 구하라.

8. 멱집합 $P(\varnothing)$와 $P(\{\varnothing\})$를 구하라.

9. $S=\{1, 2\}$일 때, $P(S)$, $P(P(S))$, $|P(S)|$, $|P(P(S))|$를 구하라.

10. 다음 연산의 결과를 구하라.

    (1) $\phi \cup \{\phi\}$

    (2) $\phi \cap \{\phi\}$

    (3) $\{\phi\} \cup \{a, \phi, \{\phi\}\}$

    (4) $\{\phi\} \cap \{a, \phi, \{\phi\}\}$

    (5) $\phi \oplus \{a, \phi, \{\phi\}\}$

    (6) $\{\phi\} \oplus \{a, \phi, \{\phi\}\}$

11. 집합 $A=\{x, y, z\}$, $B=\{a, b\}$일 때 다음을 구하라.

    (1) $A \times B$

    (2) $B \times A$

12. 집합 $A$, $B$의 곱집합은 교환법칙이 성립하는가?

13. 집합 $S=\{1, 2, 3\}$의 모든 분할을 구하라.

제3장

# 행렬

이산수학

행렬은 테이블이나 2차원 배열(array) 형태로, 내용에는 실수나 복소수 등의 숫자가 들어간 구조라고 할 수 있다. 수학의 주요 분야 중 하나인 선형 대수학(linear algebra)은 행렬을 통해 복잡한 선형 방정식의 해법을 다루는 학문이다. 컴퓨터 과학이나 공학에서도 행렬은 중요한 자료 구조 중 하나로서 앞으로 다루게 될 주제인 관계(relation)나 그래프(graph)에서도 필요한 개념이다.

## 3.1 행렬의 개념

**정의 3.1 행렬**

**행렬**(matrix) A는 다음과 같은 형태로 제시된 숫자들의 사각형 모양의 배열이다.

$$A = \begin{bmatrix} a_{11} & a_{12} & \cdots & a_{1n} \\ a_{21} & a_{22} & \cdots & a_{2n} \\ \vdots & \vdots & \vdots & \vdots \\ a_{m1} & a_{m2} & \cdots & a_{mn} \end{bmatrix}$$

가로에 있는 $m$개의 숫자들의 목록을 A의 행(row)이라고 부르고 세로에 있는 $n$개의 숫자들의 목록을 A의 열(column)이라고 부른다. 그리고 행렬의 원소(element) $a_{ij}$는 i행과 j열에 있는 값이다. 행렬을 단순히 $A = [a_{ij}]$ 라고 나타내기도 한다.

m행과 n열을 가진 행렬을 m × n 행렬이라고 부른다. 두 행렬 A와 B가 크기가 같고, 대응하는 요소들이 같다면 두 행렬 A와 B는 같다고 하고 A = B 라고 쓴다. 모든 값들이 0인 행렬은 **영 행렬**(zero matrix)이라고 부르고 *0*으로 나타낸다.

**예제 3.1** 행렬의 간단한 예들을 살펴보자.

(1) 배열 $A=\begin{bmatrix} 4 & -3 & 5 \\ 9 & -7 & 1 \end{bmatrix}$은 2 × 3 행렬이다.

A의 행들은 [4, −3, 5]와 [9, −7, 1]이고 열은 $\begin{bmatrix} 4 \\ 9 \end{bmatrix}$, $\begin{bmatrix} -3 \\ -7 \end{bmatrix}$, $\begin{bmatrix} 5 \\ 1 \end{bmatrix}$ 이다.

(2) 다음은 $2 \times 2$ 영 행렬이다.

$$0 = \begin{bmatrix} 0 & 0 \\ 0 & 0 \end{bmatrix}$$

(3) 다음이 성립한다고 가정하자.

$$\begin{bmatrix} a+b & 2c+d \\ a-2b & c-3d \end{bmatrix} = \begin{bmatrix} 5 & 9 \\ -1 & -6 \end{bmatrix}$$

그러면 두 행렬의 대응하는 값들은 같아야 한다.

즉, $a+b=5$, $a-2b=-1$, $2c+d=9$, $c-3d=-6$

위 식들의 해는 $a=3$, $b=2$, $c=3$, $d=3$ 이다.

행렬은 위의 정의와 같이 2차원 배열의 형태인 반면, 1차원 배열의 형태를 보통 **벡터**(vector)라 한다. 따라서 벡터는 행렬의 특수한 형태로서 1행으로 된 행렬을 **행 벡터**(row vector)라고 하고, 1열로 된 행렬을 **열 벡터**(column vector)라고 한다. 또한 행렬과 벡터의 각 원소를 **스칼라**(scalar)라고 한다. 스칼라는 복소수를 의미할 때도 있지만 일반적으로 실수를 의미한다.

## 3.2 행렬의 연산

**정의 3.2 행렬의 합**

$m \times n$ 행렬 $A=[a_{ij}]$와 $B=[b_{ij}]$에 대하여, A와 B의 **행렬의 합**(matrix addition)은 A와 B의 대응하는 원소들을 더함으로써 얻어진 행렬이다. 즉

$$A+B = \begin{bmatrix} a_{11}+b_{11} & a_{12}+b_{12} & \cdots & a_{1n}+b_{1n} \\ a_{21}+b_{21} & a_{22}+b_{22} & \cdots & a_{2n}+b_{2n} \\ \vdots & \vdots & \vdots & \vdots \\ a_{m1}+b_{m1} & a_{m2}+b_{m2} & \cdots & a_{mn}+b_{mn} \end{bmatrix}$$

**정의 3.3 스칼라 곱**

행렬 A와 스칼라 k의 **스칼라 곱**(scalar multiplication)은 A의 각 원소에 k를 곱해서 얻은 행렬이다. 즉,

$$kA = \begin{bmatrix} ka_{11} & ka_{12} & \cdots & ka_{1n} \\ ka_{21} & ka_{22} & \cdots & ka_{2n} \\ \vdots & \vdots & \vdots & \vdots \\ ka_{m1} & ka_{m2} & \cdots & ka_{mn} \end{bmatrix}$$

행렬 A와 B가 m×n 행렬일 때 행렬 A+B와 kA도 m×n 행렬이다. 음의 행렬(negative matrix)과 행렬의 차(matrix subtraction)는 다음과 같이 정의한다.

$$-A = (-1)A, \qquad A - B = A + (-B)$$

크기가 다른 행렬들의 합은 정의되지 않는다.

**예제 3.2** $A = \begin{bmatrix} 1 & -2 & 3 \\ -4 & 5 & 6 \\ 7 & 8 & -9 \end{bmatrix}$, $B = \begin{bmatrix} 2 & 1 & -3 \\ 5 & -4 & 8 \\ -6 & 2 & 7 \end{bmatrix}$ 일 때, A+B, 2A, 2A−3B를 구하라.

풀이

$$A+B = \begin{bmatrix} 1+2 & -2+1 & 3-3 \\ -4+5 & 5-4 & 6+8 \\ 7-6 & 8+2 & -9+7 \end{bmatrix} = \begin{bmatrix} 3 & -1 & 0 \\ 1 & 1 & 14 \\ 1 & 10 & -2 \end{bmatrix}$$

$$2A = \begin{bmatrix} 2(1) & 2(-2) & 2(3) \\ 2(-4) & 2(5) & 2(6) \\ 2(7) & 2(8) & 2(-9) \end{bmatrix} = \begin{bmatrix} 2 & -4 & 6 \\ -8 & 10 & 12 \\ 14 & 16 & -18 \end{bmatrix}$$

$$2A - 3B = \begin{bmatrix} 2 & -4 & 6 \\ -8 & 10 & 12 \\ 14 & 16 & -18 \end{bmatrix} - \begin{bmatrix} 6 & 3 & -9 \\ 15 & -12 & 24 \\ -18 & 6 & 21 \end{bmatrix} = \begin{bmatrix} -4 & -7 & 15 \\ -23 & 22 & -12 \\ 32 & 10 & -39 \end{bmatrix}$$

행렬의 합과 스칼라 곱은 다음 성질들을 가진다.

**정리 3.1**

**행렬의 합과 스칼라 곱의 성질**

A, B, C는 같은 크기의 행렬이고 k와 k′는 스칼라일 때, 다음 관계식이 성립한다.

(1) $A+B=B+A$
(2) $(A+B)+C=A+(B+C)$
(3) $A+0=0+A$
(4) $A+(-A)=0$
(5) $k(A+B)=kA+kB$
(6) $(k+k')A=kA+k'A$
(7) $(kk')A=k(k'A)$
(8) $1A=A$

위의 행렬의 합에 대한 성질을 살펴보면 다음과 같은 4가지 실수에 대한 기본 성질이 행렬의 합에 대하여도 성립함을 알 수 있다. 즉, a, b, c가 실수일 때 다음이 성립한다.

(1) 교환법칙 : $a+b=b+a$
(2) 결합법칙 : $(a+b)+c=a+(b+c)$
(3) 0은 덧셈에 관한 항등원이다. 즉, $a+0=a$
(4) 어떤 실수 a에 대해서도 a의 덧셈에 관한 역원이 존재한다. 즉, $a+b=0$이 되는 b가 단 하나 존재한다. 이때 $b=-a$로 나타낸다.

위의 행렬의 합에 관한 4가지 성질이 실수의 성질과 각각 대응됨을 알 수 있다.
행렬의 곱을 정의하기 전에 먼저 한 행과 한 열로 구성된 행렬의 곱을 정의해 보자.

**정의 3.4 벡터의 곱**

같은 수의 원소들을 가진 행 벡터 $A=[a_i]$와 열 벡터 $B=[b_i]$의 **벡터의 곱** AB는 다음과 같이 정의한다.

$$AB=[a_1\,a_2\cdots a_n]\begin{bmatrix} b_1 \\ b_2 \\ \vdots \\ b_n \end{bmatrix}=a_1b_1+a_2b_2+\ldots+a_nb_n$$

$$=\sum_{k=1}^{n} a_k b_k$$

AB는 A와 B의 대응하는 원소들을 곱하고 모든 곱들을 합함으로서 얻어진다. 벡터의 곱 AB는 A와 B의 원소의 수가 다를 때는 정의되지 않는다.

**예제 3.3** 다음 벡터의 곱을 구하라.

(1) $\begin{bmatrix} 2 & 1 & 7 \end{bmatrix} \begin{bmatrix} 6 \\ 5 \\ 4 \end{bmatrix}$

(2) $\begin{bmatrix} 1 & 2 & 3 & 4 \end{bmatrix} \begin{bmatrix} 9 \\ 5 \\ 5 \\ 0 \end{bmatrix}$

**풀이** (1) $2 \times 6 + 1 \times 5 + 7 \times 4 = 45$

(2) $1 \times 9 + 2 \times 5 + 3 \times 5 + 4 \times 0 = 34$

일반적인 행렬의 곱은 다음과 같이 정의된다.

**정의 3.5 행렬의 곱**

$A = [a_{ik}]$와 $B = [b_{kj}]$가 A의 열의 수와 B의 행의 수가 같은 행렬이라고 가정한다. 즉, A는 m×p 행렬이고 B는 p×n 행렬이라고 하자. **행렬의 곱** AB는 i행과 j열의 값이 A의 i번째 행과 B의 j번째 열을 곱함으로써 얻어지는 m×n 행렬이다.

$$\begin{bmatrix} a_{11} \cdots a_{1p} \\ \cdots \\ a_{i1} \cdots a_{ip} \\ \cdots \\ a_{m1} \cdots a_{mp} \end{bmatrix} \begin{bmatrix} b_{11} \cdots b_{1j} \cdots b_{1n} \\ \cdots\cdots\cdots \\ \cdots\cdots\cdots \\ \cdots\cdots\cdots \\ b_{p1} \cdots b_{pj} \cdots b_{pn} \end{bmatrix} = \begin{bmatrix} c_{11} \cdots c_{1n} \\ \cdots \\ c_{ij} \\ \cdots \\ c_{m1} \cdots c_{mn} \end{bmatrix}$$

여기서 $c_{ij} = a_{i1}b_{1j} + a_{i2}b_{2j} + \cdots + a_{ip}b_{pj} = \sum_{k=1}^{p} a_{ik}b_{kj}$이다.

**예제 3.4** 다음 행렬의 곱을 구하라.

(1) $A = \begin{bmatrix} 1 & 2 \\ 3 & 4 \end{bmatrix}$, $B = \begin{bmatrix} 5 & 6 \\ 7 & 8 \end{bmatrix}$

(2) $A = \begin{bmatrix} 1 & 3 \\ 2 & -4 \end{bmatrix}$, $B = \begin{bmatrix} 2 & -2 & -4 \\ 6 & 3 & -5 \end{bmatrix}$

풀이 (1) $AB = \begin{bmatrix} 1\times5+2\times7 & 1\times6+2\times8 \\ 3\times5+4\times7 & 3\times6+4\times8 \end{bmatrix} = \begin{bmatrix} 19 & 22 \\ 43 & 50 \end{bmatrix}$

(2) $AB =$

$$\begin{bmatrix} 1\times2+3\times6 & 1\times(-2)+3\times3 & 1\times(-4)+3\times(-5) \\ 2\times2+(-4)\times6 & 2\times(-2)+(-4)\times3 & 2\times(-4)+(-4)\times(-5) \end{bmatrix}$$

$$= \begin{bmatrix} 20 & 7 & -19 \\ -20 & -16 & 12 \end{bmatrix}$$

**정리 3.2**

**행렬 곱의 성질**

행렬 A, B, C와 스칼라 k에 대하여 다음과 같은 관계식이 성립한다.

(1) (AB)C = A(BC) (결합 법칙)

(2) A(B+C) = AB + AC (왼쪽 분배 법칙)

(3) (A+B)C = AC + BC (오른쪽 분배 법칙)

(4) k(AB) = (kA)B = A(kB)

행렬의 곱에서 교환법칙은 성립하지 않는다. 두 행렬 A, B에 대하여 일반적으로 AB와 BA는 다르며, AB는 정의되지만 BA는 정의되지 않을 수 있다. 또 하나 실수의 경우와 다른 점은 영 행렬이 아닌 두 행렬의 곱이 영 행렬이 될 수도 있다는 것이다.

## 3.3 여러 가지 행렬

이 절에서는 여러 가지 다른 특성을 갖는 행렬들에 대하여 알아본다.

### 정의 3.6 정방 행렬

행의 수와 열의 수가 같은 행렬을 **정방 행렬**(square matrix)이라고 한다. n개의 행과 n개의 열을 가진 정방 행렬을 차수(order)가 n이라고 하고 **n차 정방 행렬**이라고 부른다. n차 정방 행렬 $A=[a_{ij}]$의 주 대각선(main diagonal) 혹은 대각선(diagonal)은 $a_{11}$, $a_{22}$, ⋯, $a_{nn}$으로 구성된다.

$$A=\begin{bmatrix} a_{11} & a_{12} & \cdots & a_{1n} \\ a_{21} & a_{22} & \cdots & a_{2n} \\ \vdots & \vdots & \vdots & \vdots \\ a_{n1} & a_{n2} & \cdots & a_{nn} \end{bmatrix}$$

### 정의 3.7 대각 행렬

정방 행렬에서 대각선 이외의 원소들이 0인 다음과 같은 행렬을 **대각 행렬**(diagonal matrix)이라고 한다.

$$A=\begin{bmatrix} a_{11} & 0 & \cdots & 0 \\ 0 & a_{22} & \cdots & 0 \\ \vdots & \vdots & \vdots & \vdots \\ 0 & 0 & \cdots & a_{nn} \end{bmatrix}$$

### 정의 3.8 단위 행렬

**단위 행렬**(unit matrix **또는** identity matrix)은 대각선상에 있는 원소들은 모두 1이고 나머지 원소들은 0인 다음과 같은 정방행렬이며, $I_n$ 혹은 $I$로 나타낸다.

$$A=\begin{bmatrix} 1 & 0 & \cdots & 0 \\ 0 & 1 & \cdots & 0 \\ \vdots & \vdots & \vdots & \vdots \\ 0 & 0 & \cdots & 1 \end{bmatrix}$$

차수가 n인 단위 행렬을 n차 단위 행렬이라고 하며, 다음은 3차 단위 행렬이다.

$$I_3=\begin{bmatrix} 1 & 0 & 0 \\ 0 & 1 & 0 \\ 0 & 0 & 1 \end{bmatrix}$$

단위행렬 $I$는 실수들의 곱에서 1과 같은 역할을 한다. 다시 말하면, 어떠한 정방 행렬 A에 대해서 다음과 같은 성질을 갖는다.

$$AI = IA = A$$

예를 들면 $A=\begin{bmatrix}1 & 2\\3 & 4\end{bmatrix}$, $I=\begin{bmatrix}1 & 0\\0 & 1\end{bmatrix}$일 때, $\begin{bmatrix}1 & 0\\0 & 1\end{bmatrix}\begin{bmatrix}1 & 2\\3 & 4\end{bmatrix}=\begin{bmatrix}1 & 2\\3 & 4\end{bmatrix}\begin{bmatrix}1 & 0\\0 & 1\end{bmatrix}=\begin{bmatrix}1 & 2\\3 & 4\end{bmatrix}$이다.

**정의 3.9 멱행렬**

어떤 정방 행렬을 자기 자신으로 곱한 행렬을 **멱행렬**(power of matrix)라고 한다.

$$A^2 = AA,\quad A^3 = A^2A, \cdots,\quad A^{n+1} = A^nA,\quad A^0 = I\ (A\neq 0\text{일 때})$$

**예제 3.5** $A = \begin{bmatrix}1 & 2\\3 & 4\end{bmatrix}$ 라고 할 때, $A^2$와 $A^3$을 구하라.

풀이 $A^2 =\begin{bmatrix}1 & 2\\3 & 4\end{bmatrix}\begin{bmatrix}1 & 2\\3 & 4\end{bmatrix}=\begin{bmatrix}7 & 10\\15 & 22\end{bmatrix}$, $A^3=A^2A=\begin{bmatrix}7 & 10\\15 & 22\end{bmatrix}\begin{bmatrix}1 & 2\\3 & 4\end{bmatrix}=\begin{bmatrix}37 & 54\\81 & 118\end{bmatrix}$

**정의 3.10 전치 행렬**

$m\times n$ 행렬 $A = [a_{ij}]$가 있을 때 A의 행과 열을 서로 바꾼 $n\times m$ 행렬을 A의 **전치 행렬**(transpose matrix)이라고 하고, $A^T$로 나타낸다.

A가 $m\times n$ 행렬이라면 $A^T$는 $n\times m$ 행렬이다. 특히 행 벡터의 전치 행렬은 열 벡터이다. 또한 $B = [b_{ij}]$ 가 $A = [a_{ji}]$의 전치 행렬이라면 모든 i와 j에 대해서 $b_{ij} = a_{ji}$ 이다.

**예제 3.6** 행렬 $\begin{bmatrix}1 & 2 & 3\\4 & 5 & 6\end{bmatrix}$와 $[1\ 2\ 3]$의 전치 행렬을 각각 구하라.

풀이 $\begin{bmatrix}1&2&3\\4&5&6\end{bmatrix}^T=\begin{bmatrix}1&4\\2&5\\3&6\end{bmatrix}$, $[1\ 2\ 3]^T=\begin{bmatrix}1\\2\\3\end{bmatrix}$

**정리 3.3**

전치 행렬의 성질

A와 B가 행렬이고 k가 스칼라라고 하자. 아래 행렬들의 합과 곱이 정의 될 때 다음이 성립한다.

(1) $(A^T)^T=A$

(2) $(A+B)^T=A^T+B^T$

(3) $(kA)^T=kA^T$

(4) $(AB)^T=B^TA^T$

증명은 없지만, 위의 4번째 성질은 "행렬 곱의 전치 행렬은 전치 행렬들을 역으로 곱한 것과 같다."는 법칙이 성립함을 말하고 있다.

**예제 3.7** $A=\begin{bmatrix}3&2\\-1&3\end{bmatrix}$, $B=\begin{bmatrix}4&0\\1&5\end{bmatrix}$ 일 때, $(AB)^T=B^TA^T$가 성립함을 확인하라.

풀이 $(AB)^T=\begin{bmatrix}14&-1\\10&15\end{bmatrix}$ 이고, $B^T$와 $A^T$는 각각 $\begin{bmatrix}4&1\\0&5\end{bmatrix}$와 $\begin{bmatrix}3&-1\\2&3\end{bmatrix}$이므로 $B^TA^T$는 $\begin{bmatrix}14&-1\\10&15\end{bmatrix}$가 된다. 따라서, $(AB)^T=B^TA^T$가 성립한다.

**정의 3.11 대칭 행렬**

$A^T=A$인 행렬을 **대칭 행렬**(symmetric matrix)이라고 한다. 즉, 어떤 정방 행렬이 대각선을 축으로 원소가 대칭이면 대칭 행렬이다.

**예제 3.8** 다음 행렬에 대한 전치 행렬을 구하고 대칭 행렬인지 판별하라.

(1) $A=\begin{bmatrix}4&-9&6\\-3&1&7\end{bmatrix}$

(2) $A=\begin{bmatrix} 3 & 2 & 1 \\ 6 & 5 & 4 \\ 9 & 8 & 7 \end{bmatrix}$

(3) $A=\begin{bmatrix} 3 & 0 & -6 \\ 0 & -2 & 4 \\ -6 & 4 & 7 \end{bmatrix}$

풀이 (1) A의 전치 행렬은 다음과 같고, $A^T \neq A$이므로 A는 대칭 행렬이 아니다.

$$A^T = \begin{bmatrix} 4 & -3 \\ -9 & 1 \\ 6 & 7 \end{bmatrix}$$

(2) A의 전치 행렬은 다음과 같고, $A^T \neq A$이므로 A는 대칭 행렬이 아니다.

$$A^T = \begin{bmatrix} 3 & 6 & 9 \\ 2 & 5 & 8 \\ 1 & 4 & 7 \end{bmatrix}$$

(3) A의 전치 행렬은 다음과 같고, $A^T = A$이므로 A는 대칭 행렬이다.

$$A^T = \begin{bmatrix} 3 & 0 & -6 \\ 0 & -2 & 4 \\ -6 & 4 & 7 \end{bmatrix}$$

## 3.4 행렬식

행렬식은 미지수의 개수와 방정식의 개수가 같은 연립 1차 방정식의 해를 연구하면서 생긴 이론으로 행렬 이론의 발전에 큰 역할을 하였다.

**정의 3.12 행렬식**

정방 행렬 $A = [a_{ij}]$의 **행렬식**(determinant)은 행렬 A에 대응하는 특정한 스칼라 값으로 det(A) 또는 |A|라고 나타낸다. n차 정방 행렬의 행렬식을 n차 행렬식이라고 한다.

1차, 2차, 3차 행렬식들은 다음과 같이 정의 된다.

$$|a_{11}| = a_{11}$$

$$\begin{vmatrix} a_{11} & a_{12} \\ a_{21} & a_{22} \end{vmatrix} = a_{11}a_{22} - a_{12}a_{21}$$

$$\begin{vmatrix} a_{11} & a_{12} & a_{13} \\ a_{21} & a_{22} & a_{23} \\ a_{31} & a_{32} & a_{33} \end{vmatrix} = a_{11}a_{22}a_{33} + a_{12}a_{23}a_{31} + a_{13}a_{21}a_{32} - a_{13}a_{22}a_{31} - a_{12}a_{21}a_{33} - a_{11}a_{23}a_{32}$$

**예제 3.9** 다음 행렬의 행렬식을 구하라.

(1) $A = \begin{bmatrix} 1 & 2 \\ 3 & -1 \end{bmatrix}$ (2) $B = \begin{bmatrix} 3 & 5 & 0 \\ -1 & 2 & 1 \\ 3 & -6 & 4 \end{bmatrix}$

**풀이** (1) $|A| = \begin{vmatrix} 1 & 2 \\ 3 & -1 \end{vmatrix} = 1 \cdot (-1) - 2 \cdot 3 = -7$

(2) $|B| = \begin{vmatrix} 3 & 5 & 0 \\ -1 & 2 & 1 \\ 3 & -6 & 4 \end{vmatrix} = 3 \cdot 2 \cdot 4 + 5 \cdot 1 \cdot 3 + 0 \cdot (-1) \cdot (-6) - 0 \cdot 2 \cdot$

$3 - 5 \cdot (-1) \cdot 4 - 3 \cdot 1 \cdot (-6) = 24+15+0-0-(-20)-(-18) = 77$

4차 이상의 행렬식은 위와 같이 정의하기 어려우므로 소행렬식을 이용하여 정의한다.

**정의 3.13 소행렬, 소행렬식, 여인수**

n × n 행렬 $A = [a_{ij}]$에서 r번째 행과 s번째 열을 제거해서 얻은 (n−1) × (n−1) 행렬을 A의 **소행렬**(minor matrix)이라고 하고, $M_{rs}$로 나타낸다. 또한 $\det(M_{rs})$를 원소 $a_{rs}$의 **소행렬식**이라고 하며, $C_{ij} = (-1)^{i+j}\det(M_{ij})$을 원소 $a_{ij}$의 **여인수**(cofactor)라고 한다.

**예제 3.10** 다음 행렬 A에 대하여 소행렬식 $\det(M_{23})$과 여인수 $C_{23}$을 구하라.

$$A = \begin{bmatrix} 1 & 2 & 3 \\ 4 & 5 & 6 \\ 7 & 8 & 9 \end{bmatrix}$$

**풀이** 행렬 A에서 2행과 3열을 제거하면 $M_{23}$를 얻을 수 있다.

$$\det(M_{23}) = \begin{vmatrix} 1 & 2 \\ 7 & 8 \end{vmatrix} = 8 - 14 = -6$$

이 소행렬에 대응하는 여인수는 다음과 같다.

$$C_{23} = (-1)^{2+3}\begin{vmatrix} 1 & 2 \\ 7 & 8 \end{vmatrix} = -(-6) = 6$$

**정의 3.14 여인수 전개**

n × n 행렬 A = $[a_{ij}]$에서 제 $i$행(또는 $i$열)의 각 원소에 그 여인수를 곱하여 모두 더한 것을 제 $i$행(또는 $i$열)에 대한 **여인수 전개**(cofactor expansion)라고 한다.

3 × 3 행렬의 경우에는 1행, 2행, 3행, 1열, 2열, 3열에 대한 6가지의 여인수 전개가 가능하며, 6가지의 값이 모두 같다(각자 확인해 보자). 제 1행에 대한 여인수 전개는 다음과 같다.

$$a_{11}C_{11} + a_{12}C_{12} + a_{13}C_{13}$$

행렬식은 여인수 전개를 이용하여 다음과 같이 정의할 수 있다.

**정의 3.15 여인수 전개를 이용한 행렬식**

n × n 행렬 A = $[a_{ij}]$에 대한 행렬식은 여인수 전개를 이용하여 다음과 같이 일반적으로 정의한다. 단, $C_{1j}$는 $a_{1j}$의 여인수이다.

$$\det(A) = a_{11}C_{11} + a_{12}C_{12} + \cdots + a_{1n}C_{1n} = \sum_{j=1}^{n} a_{1j}C_{1j}$$

물론 위의 정의는 1행만이 아닌 다른 행과 열을 기준으로도 정의할 수 있다. 4 × 4 행렬의 행렬식의 경우는 4개의 3 × 3 행렬식의 합으로 표시되며 각각의 3 × 3은 다시 3개의 2 × 2 행렬식의 합이다.

**예제 3.11** 다음 행렬 A의 행렬식을 여인수 전개를 이용하여 구하라.

$$A = \begin{bmatrix} 1 & 0 & 5 & 2 \\ -1 & 4 & 1 & 0 \\ 3 & 0 & 4 & 1 \\ -2 & 1 & 1 & 3 \end{bmatrix}$$

풀이 $$\det(A) = \begin{vmatrix} 1 & 0 & 5 & 2 \\ -1 & 4 & 1 & 0 \\ 3 & 0 & 4 & 1 \\ -2 & 1 & 1 & 3 \end{vmatrix} = 1\begin{vmatrix} 4 & 1 & 0 \\ 0 & 4 & 1 \\ 1 & 1 & 3 \end{vmatrix} - 0 + 5\begin{vmatrix} -1 & 4 & 0 \\ 3 & 0 & 1 \\ -2 & 1 & 3 \end{vmatrix} - 2\begin{vmatrix} -1 & 4 & 1 \\ 3 & 0 & 4 \\ -2 & 1 & 1 \end{vmatrix}$$

$= 45+5(-43)-2(-37)= -96$

**예제 3.12** 다음 행렬 A의 행렬식을 여인수 전개를 이용하여 구하라.

$$A = \begin{bmatrix} -2 & 1 & 0 & 0 \\ 1 & 2 & 0 & 5 \\ -2 & 1 & -2 & 1 \\ 4 & -3 & 0 & 2 \end{bmatrix}$$

풀이 제 3열에 0이 가장 많이 있으므로 제 3열에 대한 여인수 전개를 한 후, 3 × 3 행렬에 대해서는 1행에 대한 여인수 전개를 하는 것이 계산을 줄일 수 있다.

$$\det(A)=\begin{vmatrix}-2 & 1 & 0 & 0\\ 1 & 2 & 0 & 5\\ -2 & 1 & -2 & 1\\ 4 & -3 & 0 & 2\end{vmatrix}=-2\begin{vmatrix}-2 & 1 & 0\\ 1 & 2 & 5\\ 4 & -3 & 2\end{vmatrix}=-2\left(-2\begin{vmatrix}2 & 5\\ -3 & 2\end{vmatrix}-\begin{vmatrix}1 & 5\\ 4 & 2\end{vmatrix}\right)$$

$$= -2(-2(4+15)-(2-20)) = 40$$

**예제 3.13** 다음 행렬 A의 행렬식을 여인수 전개를 이용하여 구하라.

$$A=\begin{bmatrix}1 & 0 & 0 & 0\\ 2 & 2 & 0 & 0\\ 1 & 2 & -1 & 0\\ 3 & 5 & 7 & -2\end{bmatrix}$$

**풀이** 위와 같은 모양의 행렬을 **삼각행렬**(triangular matrix)이라고 하며, 삼각행렬의 행렬식은 주대각선 상의 원소들을 모두 곱한 값이 된다.

$$\det(A)=\begin{vmatrix}1 & 0 & 0 & 0\\ 2 & 2 & 0 & 0\\ 1 & 2 & -1 & 0\\ 3 & 5 & 7 & -2\end{vmatrix}=1\cdot 2\cdot(-1)\cdot(-2)=4$$

**예제 3.14** 단위 행렬 $I$의 행렬식을 구하라.

**풀이** $\det(I)=1$이다.

행렬식은 다음과 같은 성질을 갖는다. 증명 없이 각자 확인해 보자.

### 행렬식의 성질

**정리 3.4**

$n\times n$ 행렬 $A$에서 임의의 두 행(또는 열)이 같으면 $\det(A)=0$이다.

### 정리 3.5

$n \times n$ 행렬 $A$에서 한 행(또는 열)에 있는 모든 원소가 0이면 $\det(A) = 0$이다.

### 정리 3.6

$n \times n$ 행렬 $A$의 어떤 한 행(또는 열)에 어떤 스칼라를 k배하여 만든 행렬이 B라면 $\det(B) = k\det(A)$이다.

### 정리 3.7

$n \times n$ 행렬 $A$에서 임의의 두 행(또는 열)을 서로 바꾸어서 만든 행렬을 B라 하면 $\det(B) = -\det(A)$이다.

### 정리 3.8

$n \times n$ 행렬 $A$의 어떤 한 행(또는 열)에 어떤 스칼라를 k배하여 다른 행(또는 열)에 더해서 만든 행렬이 B라면 $\det(B) = \det(A)$이다.

### 정리 3.9

$n \times n$ 행렬 $A$에서 $k$가 임의의 스칼라면 $\det(kA) = k^n \det(A)$이다.

### 정리 3.10

$A$가 $n \times n$ 행렬이면 $\det(A) = \det(A^T)$이다.

### 정리 3.11

$A$와 $B$가 $n \times n$ 행렬이면 $\det(AB) = \det(A)\det(B)$이다.
하지만, 일반적으로 $\det(A+B) \neq \det(A) + \det(B)$이다.

**예제 3.15** 행렬 $A$와 $B$가 다음과 같을 때, 위의 정리 3.11 $\det(AB)=\det(A)\det(B)$가 성립하는지 확인하고, $\det(A+B) \neq \det(A)+\det(B)$임을 보여라.

$$A = \begin{bmatrix} 1 & 2 \\ 2 & 5 \end{bmatrix} \qquad B = \begin{bmatrix} 3 & 1 \\ 1 & 3 \end{bmatrix}$$

풀이 $|A| = 1, |B| = 8$이고, $|AB| = \begin{vmatrix} 5 & 7 \\ 11 & 17 \end{vmatrix} = 85 - 77 = 8$이므로 성립함을 알 수 있다. 또한, $|A+B| = \begin{vmatrix} 4 & 3 \\ 3 & 8 \end{vmatrix} = 23$이므로 두 행렬 합의 행렬식은 각각의 행렬식의 합과 같지 않다.

### 행렬식의 성질을 이용한 행렬식의 계산

4차 이상의 행렬식은 여인수 전개만으로는 여전히 계산이 복잡하다. 따라서 위의 행렬식의 성질과 여인수 전개를 같이 활용하면 비교적 쉽게 행렬식을 구할 수 있다.

**예제 3.16** 다음 행렬 A의 행렬식을 구하라.

$$A = \begin{bmatrix} 0 & 1 & 5 \\ 3 & -6 & 9 \\ 2 & 6 & 1 \end{bmatrix}$$

풀이 $\det(A) = \begin{vmatrix} 0 & 1 & 5 \\ 3 & -6 & 9 \\ 2 & 6 & 1 \end{vmatrix} = -\begin{vmatrix} 3 & -6 & 9 \\ 0 & 1 & 5 \\ 2 & 6 & 1 \end{vmatrix}$ (1행과 2행을 교환한다.)

$= -3\begin{vmatrix} 1 & -2 & 3 \\ 0 & 1 & 5 \\ 2 & 6 & 1 \end{vmatrix}$ (1행의 공통 인수 3을 밖으로 끌어냈다.)

$= -3\begin{vmatrix} 1 & -2 & 3 \\ 0 & 1 & 5 \\ 0 & 10 & -5 \end{vmatrix}$ (1행에 $-2$배하여 3행에 더했다.)

$$= -3\begin{vmatrix} 1 & -2 & 3 \\ 0 & 1 & 5 \\ 0 & 0 & -55 \end{vmatrix}$$ (2행에 −10배하여 3행에 더했다.)

$$= (-3)(-55)\begin{vmatrix} 1 & -2 & 3 \\ 0 & 1 & 5 \\ 0 & 0 & 1 \end{vmatrix}$$ (3행의 공통 인수 −55를 밖으로 끌어냈다.)

$$= (-3)(-55)(1) = 165$$

**예제 3.17** 다음 행렬식을 계산하여라.

$$\begin{vmatrix} 10 & -6 & -9 \\ 6 & -5 & -7 \\ -10 & 9 & 12 \end{vmatrix}$$

**풀이** $\begin{vmatrix} 10 & -6 & -9 \\ 6 & -5 & -7 \\ -10 & 9 & 12 \end{vmatrix} = \begin{vmatrix} 10 & -6 & -9 \\ 6 & -5 & -7 \\ 0 & 3 & 3 \end{vmatrix}$ (1행에 1을 곱하여 3행에 더한다.)

$$= \begin{vmatrix} 10 & -6 & -3 \\ 6 & -5 & -2 \\ 0 & 3 & 0 \end{vmatrix}$$ (2열에 −1을 곱하여 3열에 더했다.)

$$= -3\begin{vmatrix} 10 & -3 \\ 6 & -2 \end{vmatrix}$$ (3행에 대하여 여인수 전개를 했다.)

$$= 6$$

**예제 3.18** 다음 행렬식을 계산하여라.

$$\begin{vmatrix} 1 & -2 & 7 \\ -4 & 8 & 5 \\ 2 & -4 & 3 \end{vmatrix}$$

**풀이** $\begin{vmatrix} 1 & -2 & 7 \\ -4 & 8 & 5 \\ 2 & -4 & 3 \end{vmatrix} = -2\begin{vmatrix} 1 & 1 & 7 \\ -4 & -4 & 5 \\ 2 & 2 & 3 \end{vmatrix}$ (2열의 공통인수 −2를 밖으로 끌어냈다.)

$= 0$ (두 열이 같으므로 행렬식은 0이다.)

## 3.5 역행렬

**정의 3.16 정칙 행렬, 역행렬**

n차 정방행렬 A에 대하여 AB=BA=$I$를 만족하는 행렬 B가 존재할 때, A를 **정칙 행렬**(regular matrix **또는** nonsingular matrix)이라고 한다. 이때 B를 A의 **역행렬**(inverse matrix)이라고 하고 $A^{-1}$로 나타낸다. 즉 다음이 성립한다.

$$AA^{-1} = A^{-1}A = I$$

정칙 행렬을 가역 행렬(invertible matrix)이라고도 부른다. 또한, B가 A의 역행렬이라면 A도 B의 역행렬이 된다. 예를 들면,

$$\mathrm{A} = \begin{bmatrix} 2 & 5 \\ 1 & 3 \end{bmatrix},\ \mathrm{B} = \begin{bmatrix} 3 & -5 \\ -1 & 2 \end{bmatrix}$$

라고 하자.

그러면,

$$\mathrm{AB} = \begin{bmatrix} 2(3)+5(-1) & 2(-5)+5(2) \\ 1(3)+3(-1) & 1(-5)+3(2) \end{bmatrix} = \begin{bmatrix} 1 & 0 \\ 0 & 1 \end{bmatrix}$$

$$\mathrm{BA} = \begin{bmatrix} 3(2)+(-5)(1) & 3(5)+(-5)(3) \\ (-1)(2)+2(1) & (-1)(5)+2(3) \end{bmatrix} = \begin{bmatrix} 1 & 0 \\ 0 & 1 \end{bmatrix}$$

따라서 A와 B는 서로 역행렬이다.

이제 역행렬을 구하는 방법에 대하여 알아보자. 먼저, $2 \times 2$ 행렬의 역행렬을 구해보자.

$\mathrm{A} = \begin{bmatrix} a & b \\ c & d \end{bmatrix}$일 때,

A의 역행렬 $\mathrm{A}^{-1}$을 다음과 같이 가정하자.

$$A^{-1} = \begin{bmatrix} x_1 & x_2 \\ y_1 & y_2 \end{bmatrix}$$

A의 역행렬 $A^{-1}$은 다음과 같이 구할 수 있다.

$$AA^{-1} = \begin{bmatrix} a & b \\ c & d \end{bmatrix} \begin{bmatrix} x_1 & x_2 \\ y_1 & y_2 \end{bmatrix} = \begin{bmatrix} 1 & 0 \\ 0 & 1 \end{bmatrix}$$

즉,

$$\begin{bmatrix} ax_1 + by_1 & ax_2 + by_2 \\ cx_1 + dy_1 & cx_2 + dy_2 \end{bmatrix} = \begin{bmatrix} 1 & 0 \\ 0 & 1 \end{bmatrix}$$

따라서 다음과 같은 연립 방정식을 얻을 수 있다.

$$ax_1 + by_1 = 1$$
$$ax_2 + by_2 = 0$$
$$cx_1 + dy_1 = 0$$
$$cx_2 + dy_2 = 1$$

det(A)=ad−bc≠0인 가정 하에 위의 연립방정식을 풀어 다음을 얻는다.

$$x_1 = \frac{d}{ad - bc} = \frac{d}{|A|}$$
$$y_1 = \frac{-c}{ad - bc} = \frac{-c}{|A|}$$
$$x_2 = \frac{-b}{ad - bc} = \frac{-b}{|A|}$$
$$y_2 = \frac{a}{ad - bc} = \frac{a}{|A|}$$

따라서 역행렬 $A^{-1}$은 다음과 같다.

$$A^{-1} = \begin{bmatrix} a\,b \\ c\,d \end{bmatrix}^{-1} = \begin{bmatrix} \frac{d}{|A|} & \frac{-b}{|A|} \\ \frac{-c}{|A|} & \frac{a}{|A|} \end{bmatrix} = \frac{1}{|A|}\begin{bmatrix} d & -b \\ -c & a \end{bmatrix}$$

일반적인 n×n 정칙행렬의 역행렬은 여인수 행렬과 수반 행렬을 이용하여 구할 수 있다.

**정의 3.17 여인수 행렬과 수반 행렬**

A를 n×n 행렬, $C_{ij}$를 원소 $a_{ij}$의 여인수라고 할 때, 다음 행렬을 **여인수 행렬**(matrix of cofactors from A)이라고 한다.

$$\begin{bmatrix} C_{11} & C_{12} & \cdots & C_{1n} \\ C_{21} & C_{22} & \cdots & C_{2n} \\ \vdots & \vdots & & \vdots \\ C_{n1} & C_{n2} & & C_{nn} \end{bmatrix}$$

또한, 이 여인수 행렬의 전치 행렬을 **수반 행렬**(adjoint matrix)이라고 하고 $adj(A)$라고 나타낸다. 즉, 다음과 같다.

$$adj(A) = \begin{bmatrix} C_{11} & C_{21} & \cdots & C_{n1} \\ C_{12} & C_{22} & \cdots & C_{n2} \\ \vdots & \vdots & \vdots & \vdots \\ C_{1n} & C_{2n} & \cdots & C_{nn} \end{bmatrix}$$

**정리 3.12**

A가 정칙행렬일 때, A의 역행렬은 다음과 같다.

$$A^{-1} = \frac{1}{|A|} adj(A)$$

**예제 3.19** 다음 행렬 A의 역행렬을 구하라.

$$A=\begin{bmatrix}3 & 2 & -1\\ 1 & 6 & 3\\ 2 & -4 & 0\end{bmatrix}$$

풀이 |A|=64임을 확인해 보고, 먼저 여인수 행렬을 구해 보자.
A의 각 원소의 여인수를 구하면 다음과 같다.

$$\begin{aligned}&C_{11}=12,\ C_{12}=6,\quad C_{13}=-16\\ &C_{21}=4,\quad C_{22}=2,\quad C_{23}=16\\ &C_{31}=12,\ C_{32}=-10,\ C_{33}=16\end{aligned}$$

따라서 A의 여인수 행렬은

$$\begin{bmatrix}12 & 6 & -16\\ 4 & 2 & 16\\ 12 & -10 & 16\end{bmatrix}$$

이고, 수반 행렬은 다음과 같다.

$$adj(A)=\begin{bmatrix}12 & 4 & 12\\ 6 & 2 & -10\\ -16 & 16 & 16\end{bmatrix}$$

위의 정리 3.11에 따라 역행렬은

$$A^{-1}=\frac{1}{|A|}adj(A)=\begin{bmatrix}\frac{12}{64} & \frac{4}{64} & \frac{12}{64}\\ \frac{6}{64} & \frac{2}{64} & -\frac{10}{64}\\ -\frac{16}{64} & \frac{16}{64} & \frac{16}{64}\end{bmatrix}$$

이 된다.

3×3 행렬보다 큰 행렬의 역행렬을 위의 공식으로 구하려면 계산이 매우 복잡하다. 정리 3.12는 역행렬의 실제 계산에 쓰이기보다는 행렬의 성질 연구에 유용한 공식이다.

지금까지의 설명으로 행렬식과 정칙행렬에 대하여 다음과 같은 중요한 정리를 얻을 수 있다.

**정리 3.13**

A가 n×n 행렬일 때, $|A| \neq 0$는 A가 정칙행렬(가역행렬)이기 위한 필요충분조건이다.

추가적으로 역행렬에 대한 다음 정리들을 확인해 보도록 하자. (증명은 연습문제를 통하여 풀어보도록 한다.)

**정리 3.14**

n×n 행렬 A와 B가 정칙행렬일 때 다음이 성립한다.
(1) $A^{-1}$은 정칙행렬이며, $(A^{-1})^{-1} = A$이다.
(2) $AB$는 정칙행렬이며, $(AB)^{-1} = B^{-1}A^{-1}$이다.

## 3.6 연립 1차 방정식

이 절에서는 연립 1차 방정식의 여러 가지 해법에 대하여 알아본다. 먼저 가장 쉽고 컴퓨터로 프로그래밍하기 용이한 가우스 소거법과 이와 유사한 방식인 가우스-조단 소거법을 살펴보고, 역행렬을 이용하여 해를 구하는 방법과 크래머의 공식을 이용하여 푸는 방법에 대하여 알아본다.

### (1) 가우스 소거법(Gaussian elimination)

예를 통하여 가우스 소거법을 설명한다. 다음과 같은 연립 방정식이 있다고 가정하자.

$$\begin{cases} 3x + 2y - z = 4 \\ x + 3y + 2z = 7 \\ 2x - y + z = 5 \end{cases}$$

$A=\begin{bmatrix}3 & 2 & -1\\1 & 3 & 2\\2 & -1 & 1\end{bmatrix}$, $X=\begin{bmatrix}x\\y\\z\end{bmatrix}$, $B=\begin{bmatrix}4\\7\\5\end{bmatrix}$ 라고 하면, 이 연립 방정식은 $AX=B$로 나타낼 수 있다. 이때 행렬 A를 **계수 행렬**(coefficient matrix)이라고 부른다. 벡터 $X$를 무시하고, 계수 행렬 A와 벡터 $B$만을 묶어서 다음과 같은 행렬을 만들 수 있는데 이를 **확장 행렬**(augmented matrix)이라고 한다.

$$[A|B]=\left[\begin{array}{ccc|c}3 & 2 & -1 & 4\\1 & 3 & 2 & 7\\2 & -1 & 1 & 5\end{array}\right]$$

위의 확장 행렬은 3 × 4 행렬인데 각각의 행은 주어진 연립 방정식의 각각의 방정식을 나타낸다.

우리가 일반적으로 연립방정식의 해를 구하기 위해서는 다음과 같은 연산들을 유한 번 시행하여 주어진 연립방정식과 동치인(해집합이 일치하는) 연립방정식으로 변환한다.

1) 서로 다른 두 방정식을 교환한다.
2) 한 방정식에 0이 아닌 상수를 곱한다.
3) 한 방정식에 0이 아닌 상수를 곱하고 그 결과를 다른 방정식에 더한다.

위와 같이 연립방정식을 변환하는 연산을 대응하는 확장 행렬에 적용하면 다음과 같다.

1) 두 행을 교환한다.
2) 한 행에 0이 아닌 상수를 곱한다.
3) 한 행에 0이 아닌 상수를 곱하고 그 결과를 다른 행에 더한다.

위의 연산을 주어진 확장 행렬에 유한 번 적용하여 대각선 계수들은 모두 1로, 대각선을 중심으로 아래인 계수들은 모두 0으로 된 확장 행렬로 변환한다. (대각선을 중심으로 위인 계수들을 0으로 만들어도 상관없다.)

주어진 확장행렬 $[A|B]$의 세 행을 각각 $R_1$, $R_2$, $R_3$라고 하자. 가우스 소거법은 다음 단계로 수행된다.

**단계 1)** 먼저 $R_1$의 첫 번째 계수를 1로 만든 다음, $R_1$을 제외한 나머지 두 행에서 첫 번째 계수를 0으로 만든다. 이때 $R_1$의 첫 번째 계수가 0이면 다른 행과 교환한다.

$$R_1 = \frac{1}{3}R_1$$

$$R_2 = R_2 - R_1$$

$$R_3 = R_3 - 2R_1$$

연산 결과는 다음과 같다.

$$\left[\begin{array}{ccc|c} 1 & 2/3 & -1/3 & 4/3 \\ 0 & 7/3 & 7/3 & 17/3 \\ 0 & -7/3 & 5/3 & 7/3 \end{array}\right]$$

**단계 2)** $R_2$의 두 번째 계수를 1로 만든 다음, $R_3$의 두 번째 계수를 0으로 만든다.

$$R_2 = \frac{3}{7}R_2$$

$$R_3 = R_3 + \frac{7}{3}R_2$$

연산 결과는 다음과 같다.

$$\left[\begin{array}{ccc|c} 1 & 2/3 & -1/3 & 4/3 \\ 0 & 1 & 1 & 17/7 \\ 0 & 0 & 4 & 8 \end{array}\right]$$

**단계 3)** $R_3$의 세 번째 계수를 1로 만든다.

$$R_3 = \frac{1}{4}R_3$$

결과로 다음의 확장 행렬을 얻게 된다.

$$\begin{bmatrix} 1 & 2/3 & -1/3 & | & 4/3 \\ 0 & 1 & 1 & | & 17/7 \\ 0 & 0 & 1 & | & 2 \end{bmatrix}$$

**단계 4)** 위와 같은 형태의 확장행렬을 만든 후, **후진대입법**(back substitution)을 사용하여 연립 방정식의 해를 구한다. 마지막 방정식인 z=2에서 시작해서 z의 값을 두 번째 방정식에 대입하여 y의 값을 구하고, 마지막으로 y 와 z 값들을 첫 번째 방정식에 대입하여 x의 값을 구하면 된다. y=3/7, x=12/7이 된다.

### (2) 가우스-조단 소거법(Gauss Jordan elimination)

가우스 소거법과 유사한 가우스-조단 소거법은 계수행렬을 역삼각형 행렬이 아닌 단위행렬로 만드는 것이다. 따라서, 후진 대입법을 사용하지 않고도 해를 구할 수 있다.

가우스 소거법에서 사용한 연립 방정식을 가우스-조단 소거법을 이용하여 해를 구해보자. 단계3까지는 동일하고, 계수 행렬을 단위행렬로 바꾸기 위해 다음 연산을 수행한다.

**단계 4)** $R_3$에 각각 −1과 1/3을 곱하여 $R_1$과 $R_2$의 세 번째 계수들을 0으로 소거한 다음, $R_2$에 −2/3을 곱하여 $R_1$의 두 번째 계수를 소거한다.

$$R_2 = R_2 - R_3$$

$$R_1 = R_1 + \frac{1}{3}R_3$$

$$R_1 = R_1 - \frac{2}{3}R_2$$

결과로 다음의 확장 행렬을 얻게 된다.

$$\begin{bmatrix} 1\,0\,0 & | & 12/7 \\ 0\,1\,0 & | & 3/7 \\ 0\,0\,1 & | & 2 \end{bmatrix}$$

이 확장행렬의 계수행렬 부분은 단위행렬이고, 그 오른편은 연립방정식의 해가 된다.

### (3) 역행렬을 이용하여 연립방정식의 해를 구하는 방법

주어진 계수행렬 $A$가 정칙행렬일 때, $A$에 단위행렬 $I$를 오른쪽에 붙인 확장행렬 $[A|I]$을 생각해 보자. 이 행렬에 어떤 행렬 $E$를 좌측에 곱해 $A$에서 $I$를 얻을 수 있다면 이때 $E$가 곱해진 $EI$는 $A^{-1}$이 된다. 왜냐하면, $EA=I$로부터 $E$는 $A$의 역행렬 $A^{-1}$임을 알 수 있고, $A^{-1}I=A^{-1}$이기 때문이다. 즉, $[A|I] \to [EA|EI] \to [I|A^{-1}]$이 된다. 확장행렬 $[A|I]$에 가우스−조단 소거법에서와 같은 연산을 사용하여 정칙행렬 $A$를 $I$로 변형시켜 나가면 우측의 $I$는 $A$의 역행렬 $A^{-1}$이 된다.

가우스 소거법에서 사용한 같은 연립 1차 방정식을 예로 들어 보자.

$[A|I]=\left[\begin{array}{ccc|ccc} 3 & 2 & -1 & 1 & 0 & 0 \\ 1 & 3 & 2 & 0 & 1 & 0 \\ 2 & -1 & 1 & 0 & 0 & 1 \end{array}\right]$를 가우스−조단 소거법을 이용하여 $[I|A^{-1}]$로 변형시켜 역행렬을 구하면 다음과 같다. (계산은 각자 해보도록 하자.)

$$A^{-1}=\begin{bmatrix} \frac{5}{28} & \frac{-1}{28} & \frac{7}{28} \\ \frac{3}{28} & \frac{5}{28} & \frac{-7}{28} \\ \frac{-7}{28} & \frac{7}{28} & \frac{7}{28} \end{bmatrix}$$

이제 다음 정리 3.15를 이용하여 연립 방정식의 해를 구해 보면 다음과 같다.

$$X=A^{-1}B=\begin{bmatrix} \frac{5}{28} & \frac{-1}{28} & \frac{7}{28} \\ \frac{3}{28} & \frac{5}{28} & \frac{-7}{28} \\ \frac{-7}{28} & \frac{7}{28} & \frac{7}{28} \end{bmatrix}\begin{bmatrix} 4 \\ 7 \\ 5 \end{bmatrix}=\begin{bmatrix} \frac{12}{7} \\ \frac{3}{7} \\ 2 \end{bmatrix}$$

**정리 3.15**

연립 방정식을 나타내는 행렬 방정식 $AX=B$에서 $A$가 정칙행렬이면 유일한 해 $X=A^{-1}B$를 갖는다.

증명) $A$가 정칙이면 $A^{-1}$이 존재한다. 따라서 다음과 같이 나타낼 수 있다.

$$A^{-1}(AX) = A^{-1}B$$
$$(A^{-1}A)X = A^{-1}B$$
$$IX = A^{-1}B$$
$$X = A^{-1}B$$

### (4) 크래머의 법칙(Cramer's rule)

크래머의 법칙은 미지수의 개수와 방정식의 개수가 같은 연립 1차 방정식의 해를 두 행렬식의 나눗셈으로 구할 수 있다는 것이다.

**정리 3.16**

**크래머의 법칙**

행렬 방정식 $AX = B$가 n개의 미지수의 n개의 1차 방정식으로 이루어진 연립 1차 방정식이라고 하자. 만일 $\det(A) \neq 0$이면 이 연립 방정식은 유일한 해

$$x_1 = \frac{\det(A_1)}{\det(A)}, x_2 = \frac{\det(A_2)}{\det(A)}, \cdots, x_n = \frac{\det(A_n)}{\det(A)}$$

를 갖는다.
여기서 $A_j$는 $A$의 제 $j$열의 원소를 다음 행렬의 원소로 바꾼 행렬을 나타낸다.

$$B = \begin{bmatrix} b_1 \\ b_2 \\ \vdots \\ b_n \end{bmatrix}$$

역시 위에서 사용한 같은 연립 1차 방정식을 예로 들어 보자. 편의상 이 연립 방정식의 확장 행렬을 다시 적는다.

$$[A|B] = \left[\begin{array}{ccc|c} 3 & 2 & -1 & 4 \\ 1 & 3 & 2 & 7 \\ 2 & -1 & 1 & 5 \end{array}\right]$$

$\det(A)=28$이고,

$$\det(A_1) = \begin{vmatrix} 4 & 2 & -1 \\ 7 & 3 & 2 \\ 5 & -1 & 1 \end{vmatrix} = 48,\ \det(A_2) = \begin{vmatrix} 3 & 4 & -1 \\ 1 & 7 & 2 \\ 2 & 5 & 1 \end{vmatrix} = 12,\ \det(A_3) = \begin{vmatrix} 3 & 2 & 4 \\ 1 & 3 & 7 \\ 2 & -1 & 5 \end{vmatrix} = 56$$

이 된다. 따라서 이 연립 방정식의 해는 $x = \frac{48}{28} = \frac{12}{7}$, $y = \frac{12}{28} = \frac{3}{7}$, $z = \frac{56}{28} = 2$이다.

## 3.7 부울 행렬

원소 값이 0 또는 1만을 갖는 행렬을 **부울 행렬**(Boolean matrix)이라고 하며, 이산 구조를 표현하기 위해 자주 사용된다. 특히 4장에서 다룰 관계와 6장 그래프의 개념을 설명할 때 유용하며, 9장 부울 대수와 논리회로에서도 같은 개념을 공유한다. $x$와 $y$가 0 또는 1의 값을 갖는 부울 변수일 때, $x \vee y$는 부울 대수의 연산 '+'와 $x \wedge y$는 '•'와 같은 의미를 갖는다. 즉, $x \vee y$는 $x$와 $y$가 모두 0일 때만 0의 값을 가지며, $x \wedge y$는 $x$와 $y$가 모두 1일 때만 1의 값을 갖는다.

**정의 3.18 접합과 교합**

행렬 $A=[a_{ij}]$와 $B=[b_{ij}]$가 부울 행렬일 때 $A$와 $B$의 **접합**(join)은 $(i, j)$번째 원소가 $a_{ij} \vee b_{ij}$인 부울 행렬이며, $A \vee B$로 표기한다. 또한 $A$와 $B$의 **교합**(meet)은 $(i, j)$번째 원소가 $a_{ij} \wedge b_{ij}$인 부울 행렬이며, $A \wedge B$로 표기한다.

**예제 3.20** 부울 행렬 $A$와 $B$가 다음과 같을 때, $A \vee B$와 $A \wedge B$를 구하라.

$$A = \begin{bmatrix} 1\,0\,1 \\ 1\,1\,0 \end{bmatrix},\ B = \begin{bmatrix} 0\,0\,1 \\ 0\,1\,0 \end{bmatrix}$$

**풀이**

$$A \vee B = \begin{bmatrix} 1\vee 0 & 0\vee 0 & 1\vee 1 \\ 1\vee 0 & 1\vee 1 & 0\vee 0 \end{bmatrix} = \begin{bmatrix} 1 & 0 & 1 \\ 1 & 1 & 0 \end{bmatrix}$$

$$A \wedge B = \begin{bmatrix} 1\wedge 0 & 0\wedge 0 & 1\wedge 1 \\ 1\wedge 0 & 1\wedge 1 & 0\wedge 0 \end{bmatrix} = \begin{bmatrix} 0 & 0 & 1 \\ 0 & 1 & 0 \end{bmatrix}$$

### 정의 3.19 부울 행렬곱

$m\times k$ 부울 행렬 $A=[a_{ij}]$와 $k\times n$ 부울 행렬 $B=[b_{ij}]$의 **부울 행렬곱**은 $A\odot B$로 나타내며, 이 부울 행렬 곱을 $m\times n$ 부울 행렬 $C=[c_{ij}]$라고 할 때 $c_{ij}$는 다음과 같다.

$$c_{ij} = (a_{i1}\wedge b_{1j})\vee(a_{i2}\wedge b_{2j})\vee\cdots\vee(a_{ik}\wedge b_{kj})$$

부울 행렬곱은 일반 행렬곱과 유사하며, 덧셈 연산 대신에 $\vee$, 곱셈 연산 대신에 $\wedge$를 사용한다는 점만 다르다.

**예제 3.21** 부울 행렬 $A$와 $B$가 다음과 같을 때, $A\odot B$를 구하라.

$$A = \begin{bmatrix} 1 & 0 & 1 \\ 0 & 0 & 1 \end{bmatrix},\quad B = \begin{bmatrix} 0 & 1 \\ 1 & 1 \\ 1 & 0 \end{bmatrix}$$

**풀이**

$$A\odot B = \begin{bmatrix} (1\wedge 0)\vee(0\wedge 1)\vee(1\wedge 1) & (1\wedge 1)\vee(0\wedge 1)\vee(1\wedge 0) \\ (0\wedge 0)\vee(0\wedge 1)\vee(1\wedge 1) & (0\wedge 1)\vee(0\wedge 1)\vee(1\wedge 0) \end{bmatrix} = \begin{bmatrix} 1 & 1 \\ 1 & 0 \end{bmatrix}$$

### 정의 3.20 부울 멱행렬

$n\times n$ 부울 행렬 $A$와 양의 정수 $r$에 대하여, 행렬 $A$의 $r$번째 **부울 멱행렬**(Boolean power of matrix)은 행렬 $A$를 $r$번 부울 행렬곱한 행렬이며, $A^r$로 표기한다. 즉 다음과 같이 정의된다.

$$A^0 = I_n$$
$$A^r = A^{r-1}\odot A,\quad r\geq 1 \text{ 일 때}$$

**예제 3.22** 행렬 $A$가 다음과 같을 때 $A^2$와 $A^3$을 구하라.

$$A = \begin{bmatrix} 1 & 1 & 0 \\ 1 & 0 & 0 \\ 0 & 0 & 1 \end{bmatrix}$$

**풀이**

$$A^2 = A \odot A = \begin{bmatrix} 1 & 1 & 0 \\ 1 & 0 & 0 \\ 0 & 0 & 1 \end{bmatrix} \odot \begin{bmatrix} 1 & 1 & 0 \\ 1 & 0 & 0 \\ 0 & 0 & 1 \end{bmatrix} = \begin{bmatrix} 1 & 1 & 0 \\ 1 & 1 & 0 \\ 0 & 0 & 1 \end{bmatrix}$$

$$A^3 = A^2 \odot A = \begin{bmatrix} 1 & 1 & 0 \\ 1 & 1 & 0 \\ 0 & 0 & 1 \end{bmatrix} \odot \begin{bmatrix} 1 & 1 & 0 \\ 1 & 0 & 0 \\ 0 & 0 & 1 \end{bmatrix} = \begin{bmatrix} 1 & 1 & 0 \\ 1 & 1 & 0 \\ 0 & 0 & 1 \end{bmatrix}$$

# 연습문제



1. 행렬 $A$와 $B$가 다음과 같을 때 $2A-3B$를 구하라.

$$A=\begin{bmatrix}1 & -2 & 3\\ 4 & 5 & -6\end{bmatrix},\ B=\begin{bmatrix}3 & 0 & 2\\ -7 & 1 & 8\end{bmatrix}$$

2. 행렬 $A$와 $B$가 다음과 같을 때 $AB$를 구하라.

$$A=\begin{bmatrix}1 & 3\\ 2 & -1\end{bmatrix},\quad B=\begin{bmatrix}2 & 0 & -4\\ 5 & -2 & 6\end{bmatrix}$$

3. 행렬 $A=\begin{bmatrix}2 & 3\\ 7 & 5\end{bmatrix}$, $B=\begin{bmatrix}3 & 6\\ 7 & 4\end{bmatrix}$에서

(1) AB를 구하라.

(2) $A^T$를 구하라.

(3) $A^2$을 구하라.

(4) $A^3$을 구하라.

4. 다음 등식이 성립할 때 x, y, z, w를 구하라.

$$3\begin{bmatrix}x & y\\ z & w\end{bmatrix}=\begin{bmatrix}x & 6\\ -1 & 2w\end{bmatrix}+\begin{bmatrix}4 & x+y\\ z+w & 3\end{bmatrix}$$

5. 다음 행렬의 행렬식을 구하고, 그 행렬이 정칙인지 아닌지 판단하라.

(1) $\begin{bmatrix}2 & 1\\ 8 & 4\end{bmatrix}$ (2) $\begin{bmatrix}3 & 1\\ 4 & 2\end{bmatrix}$

(3) $\begin{bmatrix} 3 & 3 & 1 \\ 0 & 1 & 2 \\ 0 & 2 & 3 \end{bmatrix}$ (4) $\begin{bmatrix} 2 & -1 & 3 \\ -1 & 2 & -2 \\ 1 & 4 & 0 \end{bmatrix}$

**6.** 다음 행렬식을 계산하여라.

$$\begin{vmatrix} 1 & 0 & 0 & 3 \\ 2 & 7 & 0 & 6 \\ 0 & 6 & 3 & 0 \\ 7 & 3 & 1 & -5 \end{vmatrix}$$

**7.** 다음 행렬식을 계산하여라.

$$\begin{vmatrix} 1 & 2 & 1 & -1 \\ 0 & 0 & 3 & 0 \\ 1 & 1 & 0 & 5 \\ 2 & -2 & 1 & 1 \end{vmatrix}$$

**8.** 행렬 A가 정칙행렬이면 $\det(A^{-1}) = \dfrac{1}{\det(A)}$ 임을 증명하라.

**9.** 정리 3.14를 증명하라.

**10.** 가우스-조단 소거법을 이용하여 다음 연립 1차 방정식의 해를 구하라.

$$\begin{cases} x - y + 2z = 0 \\ 2x + y - z = 2 \\ x + y + z = -1 \end{cases}$$

**11.** 다음 연립 1차 방정식의 계수 행렬이 정칙이면, 역행렬을 이용하여 방정식을 풀어라.

(1) $\begin{cases} x + 2y + z = 3 \\ 3x - 2y - 4z = -2 \\ 2x + 3y - z = -6 \end{cases}$ (2) $\begin{cases} x + 2y + 2z = -1 \\ x + 3y + z = 4 \\ x + 3y + 2z = -3 \end{cases}$

**12.** 수반 행렬을 이용하여 다음 행렬의 역행렬을 구하라.

(1) $\begin{bmatrix} 2 & 3 \\ -1 & 2 \end{bmatrix}$ (2) $\begin{bmatrix} 4 & 0 & 2 \\ 0 & 3 & 4 \\ 0 & 1 & -2 \end{bmatrix}$

**13.** 크래머의 법칙을 이용하여 다음 연립 1차 방정식의 해를 구하라.

$$\begin{cases} x+2y-3z+w=-5 \\ \quad\ \ y+3z+w=6 \\ 2x+3y+z+w=4 \\ x+ \quad\ \ +z+w=1 \end{cases}$$

제4장

# 관계

이산수학

우리가 사는 세상은 사람, 개, 고양이, 강의실, 컴퓨터 등등 다른 것들과 확연히 구별되는 객체들의 모임인 개체와 그 개체들 사이의 관계로 단순화 시킬 수 있다. 예를 들어, "A는 B의 아버지다.", "C는 D를 좋아한다.", "X는 Y보다 크다.", "P는 Q보다 위에 있다.", "집합 A는 집합 B를 포함한다." 등의 표현에서 알파벳은 개체고, 술어는 관계라고 할 수 있다. 이러한 관계들은 수학에서는 종종 "=, >, ⊆" 등의 기호로 나타낸다. 관계(relation)는 집합의 원소들 사이에 존재하는 연관성을 나타내기 위해 사용되는 구조로서 데이터베이스 이론 등과 같은 컴퓨터 과학 분야에서 널리 적용되는 중요 개념이다.

## 4.1 관계의 개념

관계를 정의하기 위해 필요한 개념인 곱집합에 대하여 2장에서 다음과 같이 정의하였다.

**곱집합** : 집합 A와 B의 **곱집합**(Cartesian product)은 $x \in A$이고 $y \in B$인 모든 순서쌍 (x, y)의 집합을 말하며 다음과 같이 나타낸다.

$$A \times B = \{(x, y) \mid x \in A \land y \in B\}$$

곱집합의 정의는 다음과 같이 유한개의 집합으로 확장할 수 있다.

$$S_1 \times S_2 \times \cdots \times S_n = \{(x_1, x_2, \cdots, x_n) \mid x_i \in S_i\}$$

이때 n개의 집합에서 하나씩 원소를 취하여 만든 순서쌍 $(x_1, x_2, \cdots, x_n)$, $x_i \in S_i$을 **n중 순서쌍**(n-투플, ordered n-tuple)이라고 한다.

또한, 같은 집합 간의 관계도 정의할 수 있는데, A×A×A가 가능하며 이 곱집합은 $A^3$으로 나타낼 수 있다. 집합 A를 실수 $R$로 대치한 $R \times R = R^2$은 실수의 순서쌍들의 집합으로 **카르테시안 평면**(Cartesian plane) 또는 2차원 유클리드 공간(Euclidean space)이 된다. 같은 맥락에서 실수 $R$은 1차원 유클리드 공간(직선), $R \times R \times R = R^3$은 3차원 유클리드 공간(3차원 공간)을 의미한다. 위의 곱집합 정의에서 n개의 유한 집합들을 실수 $R$로 대치하면 n중 순서쌍 전체는 **n차원 유클리드 공간**이 된다.

**정의 4.1 n-항 관계**

곱집합 $A_1 \times A_2 \times \cdots \times A_n$ 의 부분집합 R을 집합 $A_1$, $A_2$, …, $A_n$에서의 **n-항 관계**(n-ary relation)라고 한다. 즉, n-항 관계는 n-투플의 집합 $R=\{(a_1, a_2, \cdots, a_n) \mid a_i \in A_i\}$이다.

**정의 4.2 이항 관계**

두 집합 A, B에 대하여 A에서 B로의 **이항 관계**(binary relation)는 $A \times B$의 부분집합이다. 이때 $a \in A$이고 $b \in B$인 $(a, b) \in R$을 a는 b에 대하여 R의 관계가 있다고 하고, ${}_aR_b$로 표기한다. $(a, b) \notin R$인 경우에는 ${}_a\not{R}_b$로 나타낸다. 관계 R의 순서쌍에서 모든 첫 번째 원소의 집합을 **정의역**(domain)이라고 하고, 두 번째 원소의 집합을 **치역**(range)이라고 하며, 각각 Dom(R)과 Ran(R)로 표기한다.

### 관계의 개수

두 집합 A, B에 대하여 $|A|=m$, $|B|=n$일 때 $|A \times B|=mn$이므로 관계의 개수는 $A \times B$의 부분집합의 수인 $2^{mn}$이다.

■ ■ ■ ■ ■

**예제 4.1** 두 집합 A={1, 2}, B={1, 2, 3}에 대한 이항관계 R이 다음과 같다.

$$R=\{(a, b) \in A \times B \mid a \in A, b \in B, a \geq b\}$$

(1) 관계 R의 순서쌍을 모두 구하라.

(2) ${}_1R_1$, ${}_1R_2$, ${}_1R_3$, ${}_2R_1$이 각각 성립하는가?

(3) 정의역과 치역을 구하라.

**풀이** 첫 번째 원소가 두 번째 원소보다 크거나 같은 순서쌍들의 집합이다.

(1) R={(1, 1), (2, 1), (2, 2)}

(2) $(1, 1) \in R$이므로 ${}_1R_1$은 성립한다.

$(1,\ 2) \notin R$이므로 ${}_1R_2$는 성립하지 않는다.

$(1,\ 3) \notin R$이므로 ${}_1R_3$은 성립하지 않는다.

$(2,\ 1) \in R$이므로 ${}_2R_1$은 성립한다.

(3) $Dom(R)=\{1,\ 2\}$, $Ran(R)=\{1,\ 2\}$

## 관계형 데이터베이스 모델

데이터베이스는 한 조직의 여러 응용 시스템들이 공유할 수 있도록 통합 저장된 운영 데이터의 집합이다. **데이터베이스 관리 시스템(DBMS)**은 데이터베이스에 저장된 대용량의 데이터로부터 사용자의 다양한 질의에 맞는 정보를 출력한다. 가장 보편적으로 사용되고 있는 **관계형 데이터 모델**(relational data model)은 n－항 관계의 개념을 기초로 하여 개체와 그들 간의 관계성을 표현한다. 표 4.1은 학생 개체를 관계 테이블로 표현한 예이다. 학생 관계는 학번, 이름, 전공, 학년 4개의 속성으로 구성되며 각 속성은 도메인(domain)이라는 값의 범위를 갖는다. 각 속성들의 도메인을 각각 $D_1$, $D_2$, $D_3$, $D_4$라고 하면, 표에 있는 관계 테이블은 n－항 관계 $D_1 \times D_2 \times D \times D_4$의 부분 집합이 된다.

표 4.1 ▶ 학생 관계 테이블

| 학번 | 이름 | 전공 | 학년 |
|---|---|---|---|
| 20111111 | 이병헌 | 컴퓨터 | 2 |
| 20113145 | 송승헌 | 정보보호 | 2 |
| 20122056 | 전도연 | 멀티미디어 | 3 |
| 20125678 | 이영애 | 컴퓨터 | 3 |

**정의 4.3 역관계**

집합 A에서 집합 B로의 관계 R에 대한 **역관계**(inverse relation)는 $R^{-1}$로 나타내며, 다음과 같이 정의된다.

$$R^{-1}=\{(b, a)\in B\times A \mid (a, b)\in R\}$$

관계 R의 정의역은 $R^{-1}$의 치역이 되고, 관계 R의 치역은 $R^{-1}$의 정의역이 된다.

**예제 4.2** 두 집합 A={1, 2, 3}, B={2, 3, 4}에서
관계 R={(1, 2), (1, 4), (2, 3), (3, 4)}일 때 역관계 $R^{-1}$를 구하라.

풀이 $R^{-1}$={(2, 1), (4, 1), (3, 2), (4, 3)}

## 4.2 관계의 표현

관계는 n－투플의 집합이므로 일반적인 집합의 표현 방법인 원소 나열법과 조건 제시법으로 표현할 수 있다. 하지만 이 외에도 순서쌍의 원소들 간의 관계를 도식적으로 알기 쉽게 표현하는 방법으로 화살표 도표, 좌표 도표, 관계 행렬, 방향 그래프 등이 있다.

### (1) 화살표 도표

화살표 도표(arrow diagram)는 두 집합 A, B가 있을 때 집합 A의 원소 a와 집합 B의 원소 b 사이에 관계가 있는 경우 즉 (a, b)∈R인 경우, 화살표로 그려서 관계를 나타내는 방법이다.

**예제 4.3** 집합 A={1, 2, 3}, B={a, b, c}이고, A에서 B로의 관계 R={(1, a), (1, c), (2, a), (3, b)}일 때, 관계 R과 역관계 $R^{-1}$을 화살표 도표를 이용하여 나타내어라.

풀이

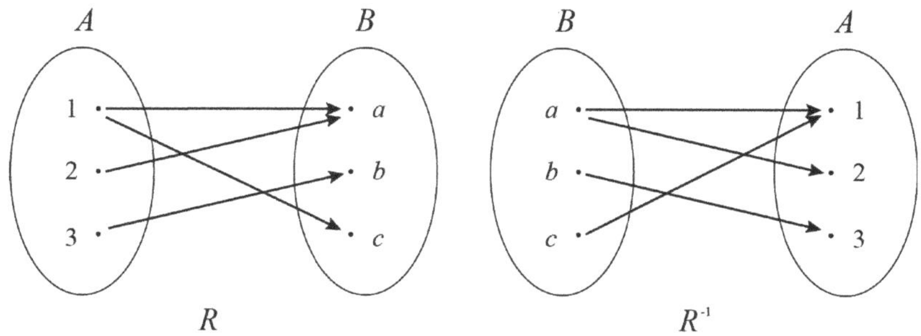


## (2) 좌표 도표

좌표 도표(coordinate diagram)는 두 집합 A, B가 있을 때 집합 A의 원소들을 x축 위에, 집합 B의 원소들을 y축 위에 표시하고, (a, b)∈R인 경우 a와 b가 좌표 상에서 만나는 점으로 관계를 나타내는 방법이다.

**예제 4.4** 집합 A={1, 2, 3, 4}, B={1, 2, 3}이고, A에서 B로의 관계 R={(1, 2), (2, 1), (2, 3), (3, 3), (4, 2)}일 때, 관계 R을 좌표 도표를 이용하여 나타내어라.

풀이

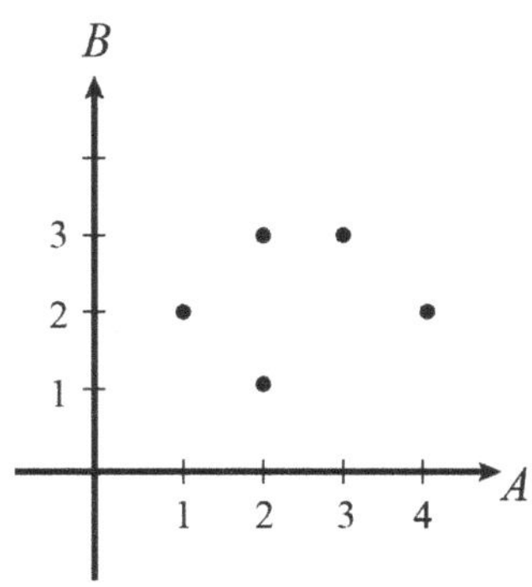


## (3) 관계 행렬

관계 행렬(relation matrix)은 행렬 안의 모든 원소들이 0 또는 1인 부울 행렬(Boolean

matrix)이다. 두 집합 A, B에 대하여 A의 원소들을 행(row)에 배치하고 B의 원소들을 열(column)에 배치한 후 A의 원소와 B의 원소 사이에 관계가 있으면 1, 관계가 없으면 0으로 표시한다.

**예제 4.5** 집합 A={1, 2, 3}이고, A에서 A로의 관계 R={(1, 1), (1, 3), (2, 2), (3, 2)}일 때, R을 관계 행렬로 나타내라.

풀이

$$M_R = \begin{array}{c} \\ 1 \\ 2 \\ 3 \end{array}\begin{array}{c} 1\,2\,3 \\ \begin{bmatrix} 1 & 0 & 1 \\ 0 & 1 & 0 \\ 0 & 1 & 0 \end{bmatrix} \end{array}$$

일반적으로 두 집합 $A=\{a_1, a_2, \cdots, a_m\}$, $B=\{b_1, b_2, \cdots, b_n\}$일 때, A에서 B로의 관계 R에 대한 관계 행렬은 m×n 행렬 $M_R=[m_{ij}]$이다. 이때 i와 j는 $1\le i\le m$, $1\le j\le n$이다.

$$m_{ij} = \begin{cases} 1 & (a_i, b_j) \in R \\ 0 & (a_i, b_j) \notin R \end{cases}$$

### (4) 방향 그래프

방향 그래프(directed graph 또는 digraph)는 서로 다른 두 집합 사이의 관계가 아니라 하나의 집합에 대한 관계를 나타낼 때 사용된다. 주어진 집합 A의 원소들을 정점(vertex)으로 그리고, (a, b)∈R인 경우 a에서 b로의 방향 있는 연결선(edge)을 그린다. (a, a)∈R인 경우에는 a 자신으로 도는 루프(loop)로 연결선을 그린다.

**예제 4.6** 집합 A={1, 2, 3}이고, A에서 A로의 관계 R={(1, 1), (1, 3), (2, 2), (3, 2)}일 때, R을 관계 행렬로 나타내라.

풀이

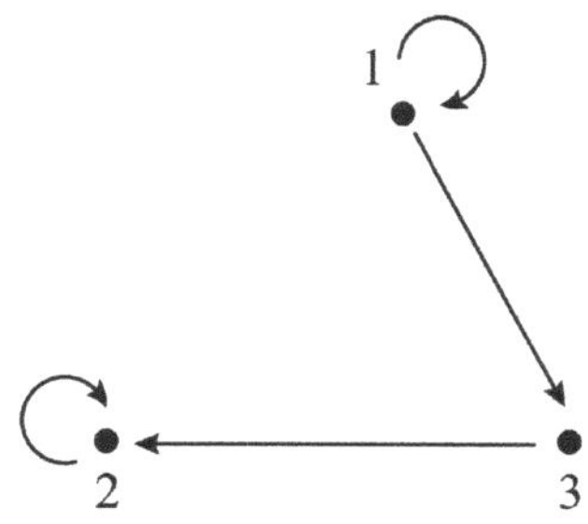


**예제 4.7** 집합 A={1, 2, 3, 4}이고 관계 R={(a, b) | a, b∈A, a≥b}일 때, 관계 R에 대한 방향 그래프를 그려라.

풀이

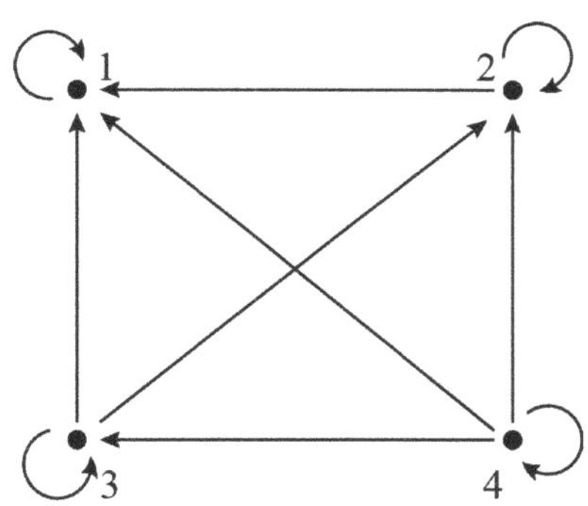


## 4.3 관계의 합성

**정의 4.4 합성 관계**

A, B, C가 집합이고, A에서 B로의 관계를 R, B에서 C로의 관계를 S라고 할 때, R과 S의 **합성 관계**(composition relation)는 $R \circ S$로 표기하고 다음과 같이 정의한다.

$$R \circ S = \{(a,\ c) \in A \times C \mid (a,\ b) \in R\text{이고 } (b,\ c) \in S\text{인 } b \in B\text{가 존재한다}\}$$

**예제 4.8** 집합 A={1, 2, 3}, B={a, b, c, d}, C={x, y, z}이다. A에서 B로의 관계 R과 B에서 C로의 관계 S가 다음과 같이 주어졌을 때, R∘S를 구하라.

R={(1, a), (2, b), (2, c), (3, d)}
S={(a, x), (b, x), (c, z), (d, y)}

풀이

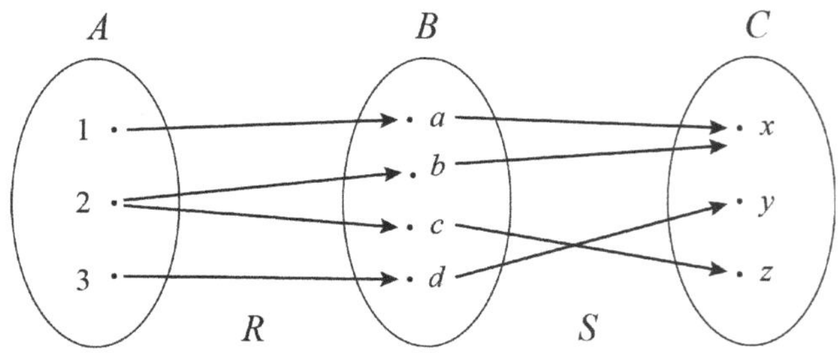


1에서 a로, a에서 x로 연결되므로 1에서 x로 관계가 생긴다. 같은 방식으로 화살표를 연결하면 합성관계의 화살표 도표를 다음과 같이 나타낼 수 있다.

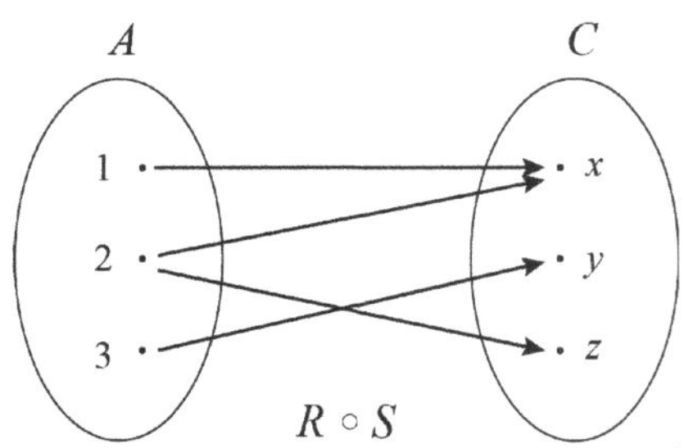


따라서 R∘S={(1, x), (2, x), (2, z), (3, y)}

### 합성 관계의 행렬 표현

합성 관계는 관계 행렬을 이용하여 구할 수도 있다. A={$a_1$, $a_2$, ⋯, $a_l$}, B={$b_1$, $b_2$, ⋯,

$b_m$}, C={$c_1$, $c_2$, ⋯, $c_n$}에 대하여 A에서 B로의 관계가 R이고 B에서 C로의 관계가 S라고 하면 R의 관계 행렬 $M_R$은 l×m 행렬이 되고 S의 관계행렬 $M_S$는 m×n 행렬이 된다. 이 때 R과 S의 합성 관계 R∘S는 l×n 행렬이 되며 이는 부울 행렬곱으로 다음과 같이 나타낸다.

$$M_{R \circ S} = M_R \odot M_S \text{ (}\odot\text{는 부울 행렬곱)}$$

■ ■ ■ ■ ■

**예제 4.9** 위의 예제 4.8에서의 관계 R과 S를 관계 행렬로 나타내고 합성 관계 R∘S를 관계 행렬로 표시하여라.

풀이 관계 R에 대한 관계 행렬 $M_R$와 S에 대한 관계 행렬 $M_S$는 다음과 같이 표시된다.

$$M_R = \begin{bmatrix} 1 & 0 & 0 & 0 \\ 0 & 1 & 1 & 0 \\ 0 & 0 & 0 & 1 \end{bmatrix} \qquad M_S = \begin{bmatrix} 1 & 0 & 0 \\ 1 & 0 & 0 \\ 0 & 0 & 1 \\ 1 & 0 & 1 \end{bmatrix}$$

합성 관계 R∘S={(1, x), (2, x), (2, z), (3, y)}는 $M_R$과 $M_S$의 부울 행렬곱으로 다음과 같다.

$$M_R \odot M_S = \begin{bmatrix} 1 & 0 & 0 \\ 1 & 0 & 1 \\ 0 & 1 & 0 \end{bmatrix}$$

## 4.4 관계의 성질

관계의 성질을 다룰 때는 하나의 집합 내에서의 관계로 한정한다. 어떤 집합 A에 대한 관계 R이 가지고 있는 기본적인 성질로는 반사적, 비반사적, 대칭적, 반대칭적, 추이적 성질이 있다.

**정의 4.5 반사 관계**

R이 집합 A에 대한 관계일 때, A의 모든 원소 a에 대해 (a, a)∈R이면, R은 반사적이라고 하거나 R은 **반사 관계**(reflexive relation)라고 한다.

즉, "집합 A에 대한 관계 R은 반사적이다." ⇔ $\forall a \in A,\ {}_aR_a$
(⇔는 논리적 동치)

**예제 4.10** 다음 방향 그래프는 반사관계가 성립하는가?

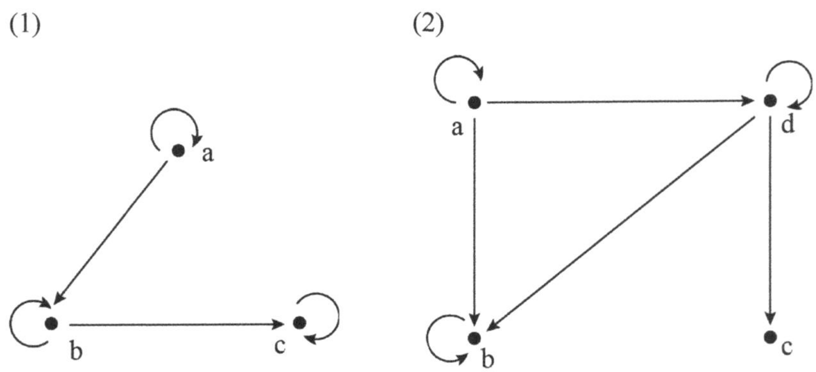


풀이 반사 관계가 성립하려면 모든 a∈A에 대해 (a, a)∈R이어야 한다. (1)의 방향 그래프로 표시된 관계는 주어진 집합의 모든 원소 a, b, c에 대하여 (a, a), (b, b), (c, c)를 포함하므로 반사 관계가 성립한다. 하지만 (2)의 방향 그래프로 표시된 관계는 (c, c)를 포함하지 않으므로 반사 관계가 성립하지 않는다.

반사 관계는 방향 그래프로 나타내었을 때 그래프의 모든 정점에 루프가 있어야 한다. 또한 반사 관계를 관계 행렬로 나타내면 모든 대각선 원소들이 1이어야 한다.

### 정의 4.6 비반사 관계

R이 집합 A에 대한 관계일 때, A의 모든 원소 a에 대해 $(a, a) \not\in R$이면, R은 비반사적이라고 하거나 R은 **비반사 관계**(irreflexive relation)라고 한다.

즉, "집합 A에 대한 관계 R은 비반사적이다." $\Leftrightarrow \forall a \in A,\ a \not R a$

**예제 4.11** 집합 A = {a, b, c, d}에 대한 다음 관계가 반사적인지 비반사적인지 구분하라.

$R_1$={(a, a), (a, b), (c, c), (c, d)}
$R_2$={(a, a), (a, b), (b, b), (c, c), (c, d), (d, d)}
$R_3$={(a, b), (b, a), (c, d), (d, a)}

풀이 $R_1$은 (a, a), (c, c)는 포함하나 (b, b), (d, d)를 포함하지 않으므로 반사관계가 아니고, 동시에 비반사 관계도 아니다. $R_2$는 (a, a), (b, b), (c, c), (d, d)를 모두 포함하므로 반사 관계이며, 비반사 관계는 아니다. $R_3$는 (a, a), (b, b), (c, c), (d, d)가 모두 없으므로 반사 관계가 아니고, 비반사 관계이다.

위의 예제 $R_1$에서 알 수 있듯이 어떤 관계 R은 동시에 반사적이 아니면서 비반사적이 아닐 수 있다. 또한, 비반사 관계는 방향 그래프로 나타내었을 때 그래프의 어떤 정점도 루프를 갖지 않아야 하며, 관계 행렬로 나타내면 모든 대각선 원소들이 0이어야 한다.

### 정의 4.7 대칭 관계

R이 집합 A에 대한 관계일 때, A의 모든 원소 a, b에 대해 $(a, b) \in R$이면 $(b, a) \in R$인 경우, R은 대칭적이라고 하거나 R은 **대칭 관계**(symmetric relation)라고 한다.

즉, "집합 A에 대한 관계 R은 대칭적이다." $\Leftrightarrow \forall a, b \in A,\ {}_aR_b \rightarrow {}_bR_a$

**예제 4.12** 다음 방향 그래프는 대칭관계가 성립하는가?

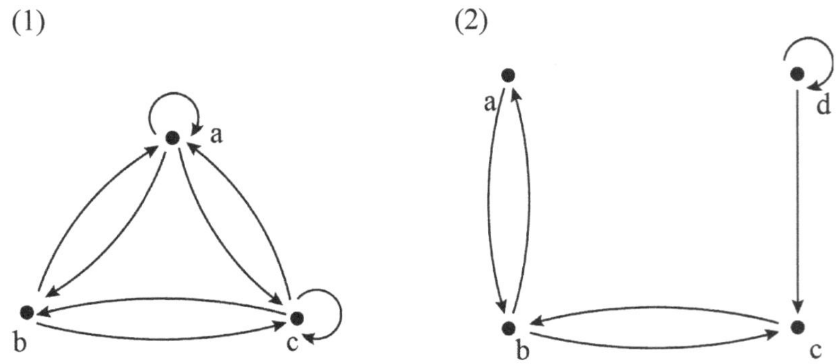


풀이 대칭 관계가 성립하려면 모든 원소 a, b에 대해 (a, b)∈R이면, 반드시 (b, a)∈R이어야 한다. (1)의 방향 그래프로 표시된 관계는 대칭적이나 (2)에는 (d, c)는 있으나 (c, d)는 없으므로 대칭적이 아니다.

대칭 관계는 방향 그래프로 나타내었을 때 그래프의 어떤 정점에서 다른 정점으로 연결선이 존재하면 반대로 다른 정점에서 그 정점으로의 연결선도 존재해야 하며, 관계 행렬로 나타내면 대각선을 중심축으로 서로 대칭이어야 한다.

**예제 4.13** x, y가 자연수의 집합 $N$의 원소일 때 다음 관계들이 반사관계인지 대칭 관계인지 판단하라.

$R_1=\{(x, y) \mid x\in N, y\in N, x+y=20\}$

$R_2=\{(x, y) \mid x\in N, y\in N, x\leq y\}$

풀이 $1+1\neq 20$이므로 $(1, 1)\notin R_1$이다. 따라서 $R_1$은 반사적이 아니다. 그러나 $1+19=20$이면 $19+1=20$이 성립하듯이, 임의의 자연수 x, y에 대하여 $(x, y)\in R_1$면 $(y, x)\in R_1$도 언제나 성립하므로 $R_1$은 대칭적이다. $R_2$의 경우, 임의의 자연수 x에 대하여 $x\leq x$이므로 $(x, x)\in R_2$이다. 따라서 $R_2$는 반사적이다. 하지만 $1\leq 2$이지만 $2\not\leq 1$이므로 $R_2$는 대칭적이 아니다.

**정의 4.8 반대칭 관계**

R이 집합 A에 대한 관계일 때, A의 모든 원소 a, b에 대해 (a, b)∈R이고 (b, a)∈R이면, a=b인 경우, R은 반대칭적이라고 하거나 R은 **반대칭 관계**(antisymmetric relation)라고 한다.

즉, "집합 A에 대한 관계 R은 반대칭적이다." ⇔ $\forall a, b \in A, {}_aR_b \wedge {}_bR_a \rightarrow a=b$

위의 정의를 논리적 동치인 대우를 이용하면 다음과 같이 나타낼 수 있다.

"집합 A에 대한 관계 R은 반대칭적이다." ⇔ $\forall a, b \in A, a \neq b \rightarrow a \not{R} b \vee b \not{R} a$

**예제 4.14** 다음 방향 그래프는 반대칭관계가 성립하는가?

(1)

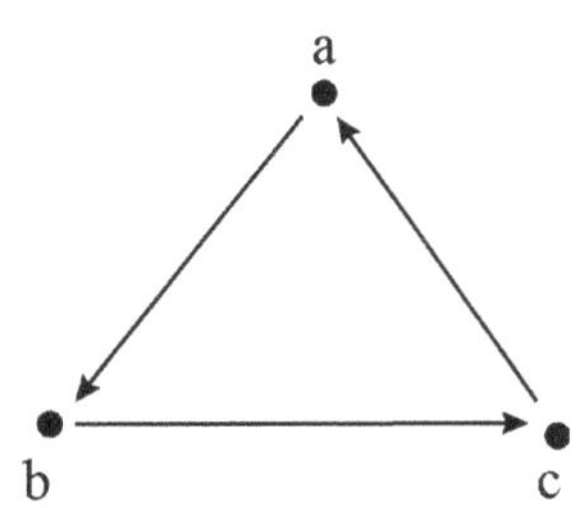


(2)

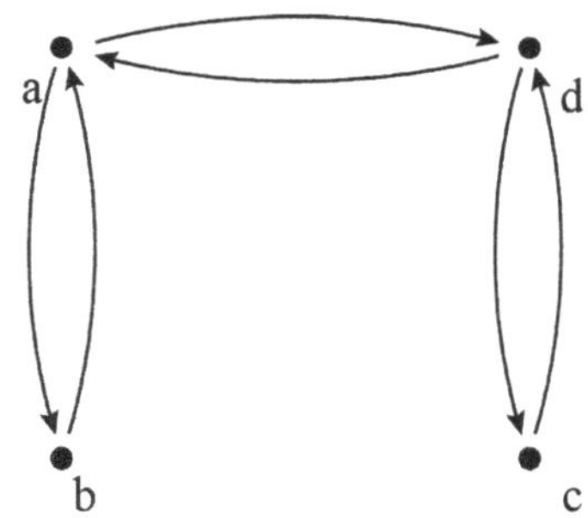


풀이 (1)은 x≠y에 대하여 (x, y)를 만족하면서 (y, x)인 경우가 존재하지 않으므로 반대칭적이다. (2)는 반대칭적이 아니며 대칭적이다.

**예제 4.15** 집합 A={1, 2, 3, 4}에 대한 다음 관계가 대칭적인지 반대칭적인지 구분하라.

$R_1$={(3, 4)}
$R_2$={(2, 1), (3, 1), (3, 2), (4, 1), (4, 2), (4, 3)}
$R_3$={(1, 1), (2, 2), (3, 3), (4, 4)}

**풀이** $x \neq y$에 대하여 (x, y)를 만족하면서 (y, x)인 경우가 존재하지 않으므로 $R_1$과 $R_2$는 반대칭적이며, 대칭적이 아니다. $R_3$는 반대칭적이며 동시에 대칭적이다.

위의 예제를 통하여 반대칭 관계가 대칭 관계의 반대 개념을 나타내는 것은 아니라는 것을 알 수 있다. 즉, "반대칭적"이 "대칭적이 아님"을 뜻하는 것은 아니다.

반대칭 관계는 방향 그래프로 나타내었을 때 그래프의 어떤 정점에서 다른 정점으로 연결선이 존재하면 반대로 다른 정점에서 그 정점으로의 연결선은 존재해서는 안되며, 관계 행렬로 나타내면 대각선상의 원소가 아닌 경우 그 값이 1이면 대칭하는 원소의 값은 0이어야 한다.

**정의 4.9 추이 관계**

R이 집합 A에 대한 관계일 때, A의 모든 원소 a, b, c에 대해 (a, b)∈R이고 (b, c)∈R이면 (a, c)∈R인 경우, R은 추이적이라고 하거나 R은 **추이 관계**(transitive relation)라고 한다.

즉, "집합 A에 대한 관계 R은 추이적이다." ⇔ $\forall a, b, c \in A$, ${}_aR_b \wedge {}_bR_c \rightarrow {}_aR_c$

**예제 4.16** 다음 방향 그래프는 추이 관계가 성립하는가?

(1)

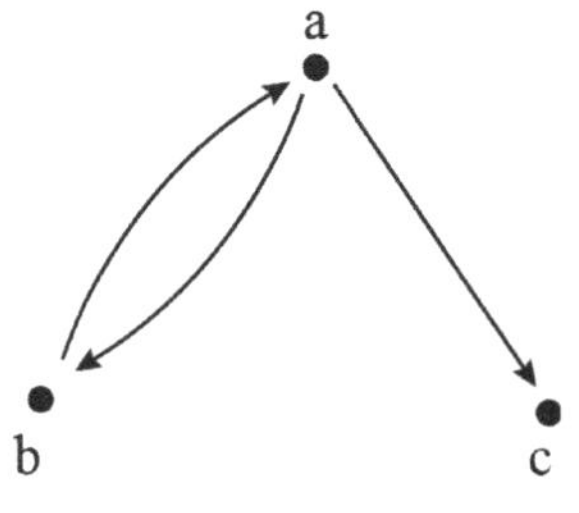


(2)

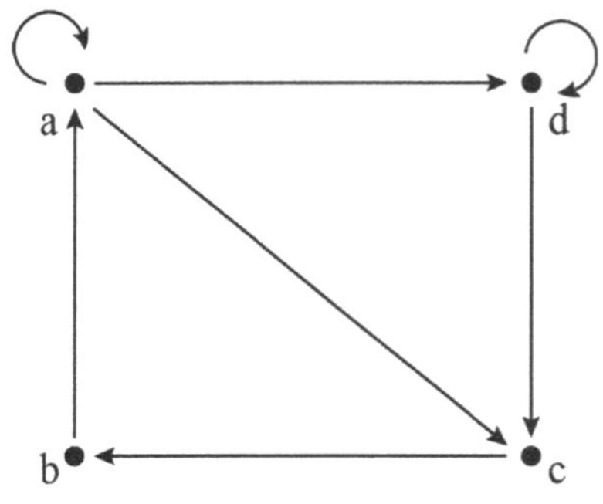


**풀이** (1) (b, a)∈R이고 (a, c)∈R이지만 (b, c)∉R이므로 추이적이 아니다.
(2) (a, c)∈R이고 (c, b)∈R이지만 (a, b)∉R이므로 역시 추이적이 아니다.

**예제 4.17** 집합 A={1, 2, 3}에 대한 다음 관계들에 대하여 반사관계, 대칭관계, 반대칭관계, 추이관계가 성립하는지 판별하여라(주어진 표의 빈 칸을 y(yes) 또는 n(no)로 채워라).

R={(1, 1), (1, 2), (1, 3), (3, 3)}

S={(1, 1), (1, 2), (2, 1), (2, 2), (3, 3)}

T={(1, 1), (1, 2), (2, 2), (2, 3)}

∅

A×A

풀이

| | 반사 | 대칭 | 반대칭 | 추이 |
|---|---|---|---|---|
| R | n | n | y | y |
| S | y | y | n | y |
| T | n | n | y | n |
| ∅ | n | y | y | y |
| A×A | y | y | n | y |

## 4.5 동치 관계

**정의 4.10 동치 관계**

공집합이 아닌 집합 S 상의 관계 R이 반사적, 대칭적, 추이적이면 R을 **동치 관계**(equivalence relation)라고 한다. 동치 관계 R의 중요한 성질은 R이 주어진 집합 S를 공집합이 아니면서 서로 공통부분이 없는 부분 집합들로 분할한다는 것이다.

**예제 4.18** 집합 A={1, 2, 3, 4}에 대한 다음 관계가 동치 관계인지 보여라.

R={(1, 1), (1, 4), (2, 2), (2, 3), (3, 2), (3, 3), (4, 1), (4, 4)}

풀이 R은 (1, 1), (2, 2), (3, 3), (4, 4)를 포함하므로 반사적이다. (1, 4)와 (2, 3)에 대하여 각각 (4, 1)과 (3, 2)가 존재하므로 대칭적이다. 또한 A의 모든 원소에 대해 $(a, b) \in R$이고 $(b, c) \in R$이면 $(a, c) \in R$이 성립하므로 추이적이다. 따라서 관계 R은 동치 관계이다.

**예제 4.19** 정수의 집합 *Z*상의 관계 ≥가 동치 관계가 아님을 보여라.

풀이 모든 정수 x에 대하여 $x \geq x$이므로 반사적이다. 또한 정수 x, y, z에 대하여 $x \geq y$이고 $y \geq z$면 $x \geq z$이므로 추이적이다. 그러나 서로 다른 정수 x, y에 대하여 $x \geq y$면 $y \geq x$가 아니므로 대칭적이 아니다. 따라서 관계 ≥는 동치 관계가 아니다.

**예제 4.20** 2차원 공간상의 직선의 집합을 L이라 하자. L 상에서 "평행(이거나 같다)"라는 관계 //가 동치관계인지 확인하라.

풀이 모든 직선은 자기 자신과 평행이므로 반사적이며, 임의의 두 직선 $l_1$과 $l_2$에 대하여, $l_1 /\!/ l_2$이면 $l_2 /\!/ l_1$이므로 대칭적이다. 또한 임의의 세 직선 $l_1$, $l_2$, $l_3$에 대하여, $l_1 /\!/ l_2$이고 $l_2 /\!/ l_3$이면 $l_1 /\!/ l_3$이므로 추이적이다. 따라서 관계 //는 동치 관계이다.

**정의 4.11 동치류**

집합 A에 대한 관계 R이 동치관계일 때, 집합 A의 각 원소 a에 대하여 [a]를 R에 대한 a의 **동치류**(equivalence class)라고 하며 다음과 같이 정의한다.

$$[a]=\{x \mid (a, x) \in R\}$$

이때 집합 A의 원소들의 동치류의 모임을 A의 **몫집합**(quotient set)이라 하고 A/R로 나타낸다.

$$A/R=\{[a] \mid a \in A\}$$

**예제 4.21** 집합 A={1, 2, 3, 4}에 대한 관계 R={(1, 1), (1, 3), (2, 2), (2, 4), (3, 1), (3, 3), (4, 2), (4, 4)}이 동치 관계인지 판별하고 동치 관계이면 A의 각 원소에 대한 동치류와 A의 몫집합을 구하라.

풀이 반사, 대칭, 추이 관계가 성립하므로 R은 동치 관계이다. 동치류는 [1]=[3]={1, 3}, [2]=[4]={2, 4}이다. 따라서 A의 몫집합 A/R={[1], [2]}이다.

위의 예제로부터 다음 정리를 증명 없이 확인해 보자. 분할은 2장 2.5절에서 정의하였다.

**정리 4.1**

관계 R이 집합 A에 대한 동치 관계일 때 동치류의 모임인 몫집합 A/R은 A의 분할이다.

**예제 4.22** R을 다음에 의하여 정의된 정수의 집합 *Z*상의 관계라고 하자. 관계 R이 동치 관계임을 보이고, 동치류들을 구한 후 몫집합 *Z*/R이 *Z*의 분할임을 보여라.

$$x \equiv y \pmod{5}$$

(이 관계는 x−y가 5로 나누어진다라는 것을 의미한다.)

풀이 모든 정수 x에 대하여 x≡x(mod 5)이므로 반사적이다. 그리고 x≡y(mod 5)이면 y≡x(mod 5)이므로 대칭적이다. 또한 x≡y(mod 5)이고 y≡z(mod 5)이면 x≡z(mod 5)이므로 추이적이다. 따라서 R은 동치관계이다.

0의 동치류는 5로 나누어 떨어지는(나머지가 0인) 정수들의 모임이다.

[0]={⋯, −10, −5, 0, 5, 10, ⋯}

1의 동치류는 5로 나눌 때 나머지가 1인 정수들의 모임이다.

[1]={⋯, −9, −4, 1, 6, 11, ⋯}

2, 3, 4의 동치류들도 다음과 같이 구할 수 있다.

[2]={⋯, −8, −3, 2, 7, 12, ⋯}

[3]={⋯, −7, −2, 3, 8, 13, ⋯}

[4]={⋯, −6, −1, 4, 9, 14, ⋯}

또한,

[5]=[0], [6]=[1], [7]=[2], ⋯ 임을 알 수 있다.

따라서 $Z$의 몫집합 $Z/R$={[0], [1], [2], [3], [4]}이며, 정수 $Z$의 분할임을 알 수 있다. 즉, 주어진 관계 R은 정수의 집합을 서로소이며 공집합이 아니고 합집합이 모든 정수가 되는 5개의 부분 집합으로 다음 그림과 같이 분할함을 알 수 있다.

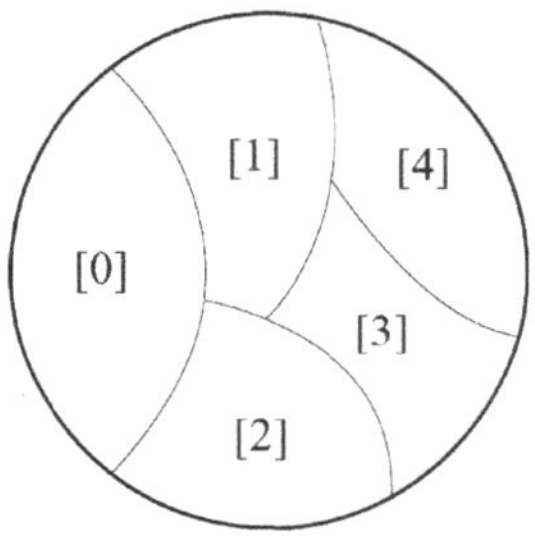


## 4.6 부분 순서 관계

어떤 프로젝트를 수행할 때, 세부 작업들 간의 작업 순서를 생각해 보자. 만일 작업 x가 완료되어야만 작업 y를 진행할 수 있다면 작업들에 대한 순서쌍 (x, y)로 표현할 수 있다.

**정의 4.12 부분 순서 관계**

집합 A에 대한 관계 R이 반사적, 반대칭적, 추이적이면 관계 R을 **부분 순서 관계**(partially ordered relation)라고 한다. 이때 A를 **부분 순서 집합**(partially ordered set, poset)이라고 하며, (A, R)로 나타낸다.

**예제 4.23** 정수의 집합 $Z$에 대한 관계 a≤b가 부분 순서 관계임을 보여라.

풀이 1) 모든 정수 a에 대하여 a≤a이므로 반사 관계이다.

2) a, b∈Z일 때 a≤b이고 b≤a이면 a=b이므로 반대칭 관계이다.

3) a, b, c∈Z일 때 a≤b이고 b≤c이면 a≤c이므로 추이관계이다.

따라서 정수의 집합에서 ≤관계는 부분 순서 관계이며 (Z, ≤)는 poset 이다.

**예제 4.24** 집합 X의 부분집합 간의 포함 관계 ⊆는 부분 순서 관계임을 보여라.

풀이 1) 임의의 부분집합 A에 대하여 A⊆A이므로 반사관계이다.

2) 부분집합 A, B에 대하여 A⊆B이고 B⊆A이면 A=B이므로 반대칭 관계이다.

3) 부분집합 A, B, C에 대하여 A⊆B이고 B⊆C이면 A⊆C이므로 추이 관계이다.

따라서 부분 순서 관계이며 (P(X), ⊆)는 poset이 된다. 여기서, P(X)는 집합 X의 멱집합이다.

**예제 4.25** 자연수의 집합 $N$에 대한 관계 a|b가 b가 a로 나누어떨어지는 관계(배수 관계)일 때, 즉 mod(b, a)=0(b가 a로 나뉘어 나머지가 0)일 때, a|b가 부분 순서 관계임을 보여라.

풀이 1) 임의의 자연수 a에 대하여 a는 a의 배수(a는 자기 자신으로 나누어떨어짐)이므로 반사적이다.

2) 자연수 a와 b에 대하여, a|b이고 b|a이면 a=b이므로 반대칭적이다.

3) 자연수 a, b, c에 대하여 a|b이고 b|c이면 a|c이므로 추이적이다.

따라서 ($N$, |)은 poset이다.

부분 순서 관계는 관계 ≤를 일반화하는 것이라고 생각할 수 있다. 일반적으로, 집합 A에 대한 관계 R이 부분 순서 관계일 때, (a, b)∈R을 나타내기 위하여 '≾'를 사용하여

a$\precsim$b라고 나타낸다. 만일 a$\precsim$b이고 a$\neq$b이면 a$\prec$b라고 나타내며 "a가 b를 선행한다(a precedes b)"라고 읽는다.

**정의 4.13 완전 순서 관계**

집합 A에 대한 관계 R이 부분 순서 관계이고 a, b$\in$A일 때 a$\precsim$b 또는 b$\precsim$a이면 "a와 b는 비교가능하다(comparable)"라고 하고, 그렇지 않은 경우 "a와 b는 비교불가능하다"라고 한다. 이때 집합 A에 속하는 원소들의 모든 쌍들이 비교가능하다면 R을 **완전 순서 관계**(totally ordered relation) 또는 **선형 순서 관계**(linearly ordered relation)이라고 하며, 집합 A를 **완전 순서 집합**(totally ordered set, toset) 또는 **선형 순서 집합**(linearly ordered set)이라고 한다.

집합 A에 대한 관계 R이 부분 순서 관계라는 말은 집합 A의 원소들 중에 비교불가능한 원소들이 있다는 의미이다. 위의 예제에서 ($N$, |)의 경우 3은 2로 또는 2는 3으로 나누어떨어지지 않으므로 ($2 \nmid 3$이고 $3 \nmid 2$) 서로 비교불가능하다. 따라서 ($N$, |)는 poset이지만 toset은 아니다. ($Z$, $\leq$)의 경우에는 모든 a, b$\in Z$에 대하여 a$\leq$b 또는 b$\leq$a이므로 toset이다.

부분 순서 집합을 그림으로 나타낼 때는 독일의 수학자 하세(Helmut Hasse)가 고안한 도표를 주로 이용한다.

**정의 4.14 하세 도표**

**하세 도표**(Hasse Diagram)는 방향 그래프를 단순화하여 부분 순서 관계를 알기 쉽게 표현해주는 도표로서 다음과 같은 특징을 갖는다.

1) 부분 순서 관계는 반사적이므로 각 정점의 루프는 생략한다.
2) a, b$\in$R에 대하여 a$\neq$b이고 a$\precsim$b이면 a를 b의 아래로 그린다.
3) a, b$\in$R에 대하여 a$\neq$b이고 a$\precsim$b일 때 a$\precsim$k$\precsim$b인 k가 존재하지 않으면 a에서 b로의 연결선을 그린다. 이때 연결선의 방향은 아래에서 위라고 가정하고 화살표가 아닌 선분을 사용한다.

**예제 4.26** 10의 약수의 집합 A={1, 2, 5, 10}에 대한 부분 순서 집합 (A, |)의 하세 도표를 그려라.

풀이 먼저 방향 그래프를 그려보면 다음과 같다.

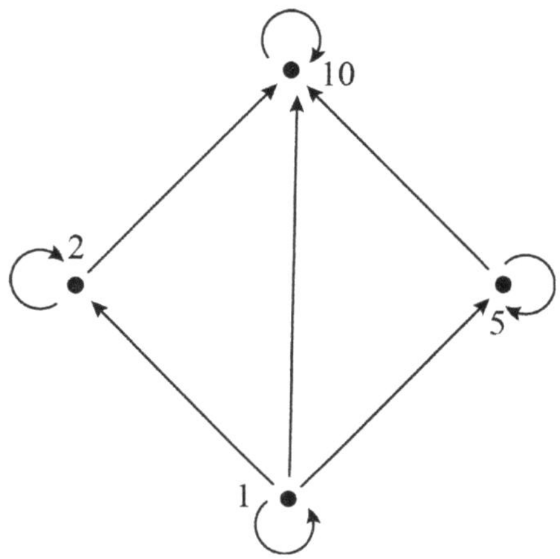


이 방향 그래프를 보고 하세 도표를 그려보면 다음과 같다.

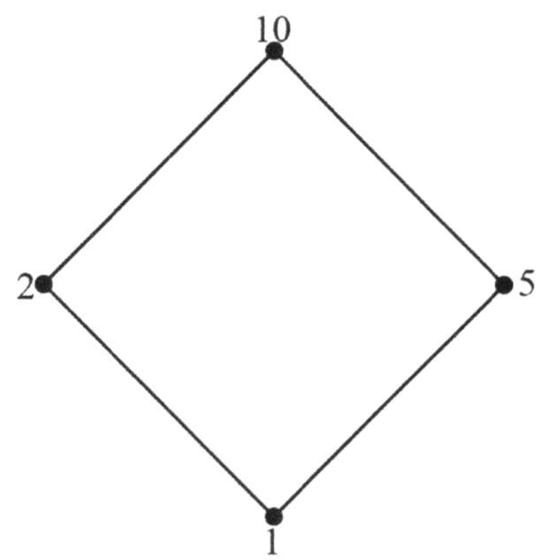

**예제 4.27** 30의 약수의 집합을 A라고 할 때 부분 순서 집합 (A, |)의 하세 도표를 그려라.

풀이

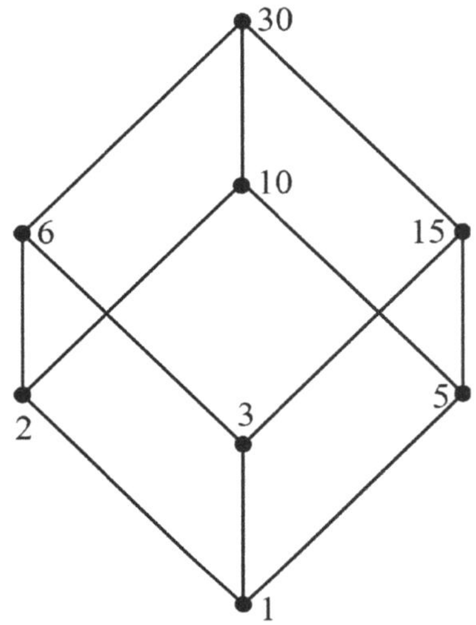


**예제 4.28** 집합 A={1, 2, 3}의 멱집합 P(A)에 대한 부분 순서 집합 (P(A), ⊆)의 하세 도표를 그려라.

풀이 집합 A의 부분집합의 집합 P(A)={{}, {1}, {2}, {3}, {1, 2}, {1, 3}, {2, 3}, {1, 2, 3}}이므로 이에 대한 하세 도표는 다음과 같이 3차원 도형이 된다.

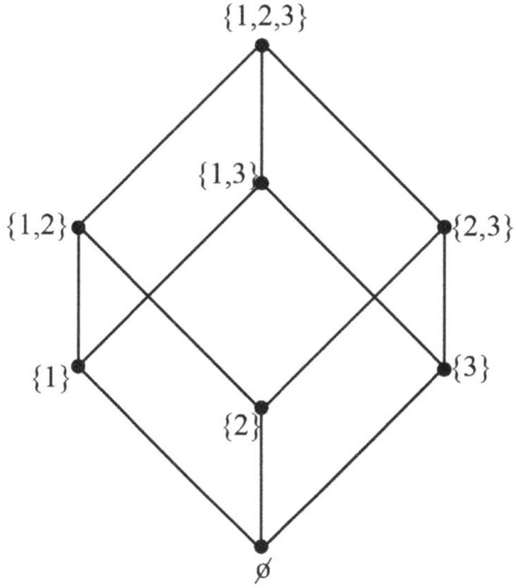


위 예제에서 집합 A가 {1}과 {1, 2}일 경우의 하세 도표를 그려보면 각각 다음과 같이 1차원과 2차원 도형이 됨을 알 수 있다. 그럼 집합 {1, 2, 3, 4}인 경우는 어떤 도형이 그려질까? 초입방체(tesseract)라는 4차원 입체도형이 만들어지는데 연습문제를 통해서 그려보도록 하자.

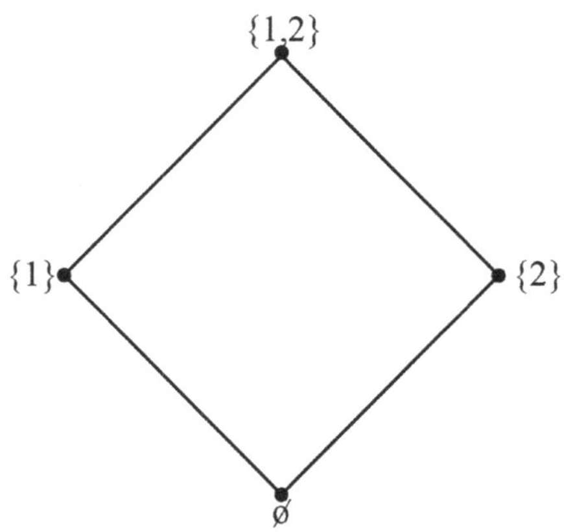

# 연습문제

제4장_ 관계

1. 집합 A={1, 2, 3}, B={a, b}, C={x, y}에 대하여 곱집합 $A \times B \times C$를 구하라.

2. 집합 A={1, 2}, B={a, b, c}에 대하여 $A^2$, $B^2$, $|A \times B|$를 구하라.

3. 두 집합 A={1, 2, 3}, B={1, 2, 3, 4}에 대한 이항관계 R이 다음과 같다.

$$R=\{(a, b) \in A \times B \mid a \in A,\ b \in B,\ a=b-1\}$$

(1) $_1R_1$, $_1R_2$, $_2R_1$이 각각 성립하는가?

(2) 관계 R의 순서쌍을 모두 구하라.

(3) 정의역과 치역을 구하라.

4. 관계 R이 문제3과 같을 때, 역관계 $R^{-1}$을 구하라.

5. 집합 A={1, 2, 3, 4, 5, 6}에 대한 관계 R이 다음과 같을 때, 역관계 $R^{-1}$을 구하라.

$$R=\{(a, b) \mid a, b \in A,\ a-b=1\}$$

6. 집합 A={1, 2, 3, 4, 5}에 대한 관계 R이 다음과 같을 때,

$$R=\{(1, 1), (1, 2), (2, 1), (3, 3), (4, 2), (4, 3), (4, 4), (5, 4), (5, 5)\}$$

(1) R을 화살표 도표로 나타내라.

(2) R을 좌표 도표로 나타내라.

(3) R을 관계 행렬로 나타내라.

(4) R을 방향 그래프로 나타내라.

**7.** 집합 A={1, 2, 3, 4, 6}에 대한 A상의 관계 R이 "x는 y의 약수이다"일 때,

(1) R을 순서쌍들의 집합으로 나타내라.

(2) R을 나타내는 방향 그래프를 그려라.

(3) R의 역관계 $R^{-1}$을 구하라. 그리고 $R^{-1}$을 문장으로 기술하라.

**8.** 세 집합 A={1, 2, 3, 4}, B={a, b, c, d}, C={x, y, z}에서 A에서 B로의 관계 R과 B에서 C로의 관계 S는 각각 다음과 같다.

R={(1, a), (2, d), (3, a), (3, b), (3, d)}
S={(b, x), (b, z), (c, y), (d, z)}

(1) 합성관계 $R \circ S$를 구하라.

(2) $R \circ S$를 부울 행렬곱을 이용하여 구하라.

**9.** 집합 A={1, 2, 3, 4}에 대한 다음 관계들에 대하여 반사관계, 대칭관계, 반대칭관계, 추이관계가 성립하는지 판별하여라(주어진 표의 빈 칸을 y(yes) 또는 n(no)로 채워라).

(1) $R_1$={(1, 3), (3, 1)}

(2) $R_2$={(1, 2), (2, 3), (3, 4)}

(3) $R_3$={(1, 1), (2, 2), (3, 3), (4, 4)}

(4) $R_4$={(1, 1), (1, 2), (2, 2), (3, 3), (4, 4)}

(5) $R_5$={(1, 1), (2, 2), (3, 3), (3, 4), (4, 3), (4, 4)}

(6) $R_6$={(2, 1), (2, 4), (3, 1), (3, 4), (4, 1), (4, 2)}

(7) $R_7$={(1, 1), (1, 2), (1, 3), (2, 1), (2, 2), (2, 3)}

**10.** 사람들의 집합 상에서 다음 관계들이 반사적, 대칭적, 반대칭적, 추이적인지 결정하라.

(1) x는 y와 나이가 같다.

(2) x는 y보다 키가 크다.

(3) x와 y는 부모가 같다.

(4) x와 y는 자매지간이다.

**11.** 다음 관계들이 반사적, 대칭적, 추이적인지 결정하라.($Z$는 정수)

(1) $R_1 = \{(m, n) \in Z \times Z \mid m \neq n\}$

(2) $R_2 = \{(m, n) \in Z \times Z \mid m+n\text{은 홀수}\}$

(3) $R_3 = \{(m, n) \in Z \times Z \mid m+n\text{은 짝수}\}$

(4) $R_4 = \{(m, n) \in Z \times Z \mid mn \geq 1\}$

**12.** 집합 A={1, 2, 3, 4, 5, 6}에 대한 관계 R이 다음과 같을 때,

R={(1, 1), (1, 5), (2, 2), (2, 3), (2, 6), (3, 2), (3, 3), (3, 6), (4, 4), (5, 1), (5, 5), (6, 2), (6, 3), (6, 6)}

(1) R이 동치 관계인지 판별하라.

(2) 동치 관계이면 A의 각 원소에 대한 동치류와 A의 몫집합을 구하라.

(3) 이 몫집합이 집합 A의 분할인지 확인하라.

**13.** 실수에서 실수로의 다음과 같은 관계가 있을 때,

$$S = \{(x, y) \in R \times R \mid x - y\text{는 정수}\}$$

(1) S가 동치 관계인지 판별하라.

(2) S에 대한 0과 0.5의 동치류를 구하라.

14. 2차원 공간상의 삼각형의 집합을 T라고 하자. T상에서 합동(congruence)과 닮음(similarity) 관계가 동치 관계임을 보여라.

15. poset ($Z$, |)에서 6과 2는 비교 가능한가? 이 poset이 toset(전체 순서 집합)이 아닌 이유를 설명하라.

16. 36의 약수의 집합을 A라고 할 때 poset (A, |)의 하세 도표를 그려라.

17. 집합 A={1, 2, 3, 4}의 멱집합 P(A)에 대한 부분 순서 집합 (P(A), ⊆)의 하세 도표를 그려라.

# 제5장

# 함수

이산수학

함수(函數)의 "函"자는 상자를 의미한다. 즉, 함수는 아래 그림처럼 어떤 수학적 객체가 입력되면 다른 수학적 객체가 출력되는 블랙박스다. 이때 하나의 입력에 대하여 반드시 하나의 출력만이 있어야 한다. 함수는 특수한 관계(relation)로서 첫 번째 원소가 같지 않은 순서쌍들의 집합이라고 할 수 있다.

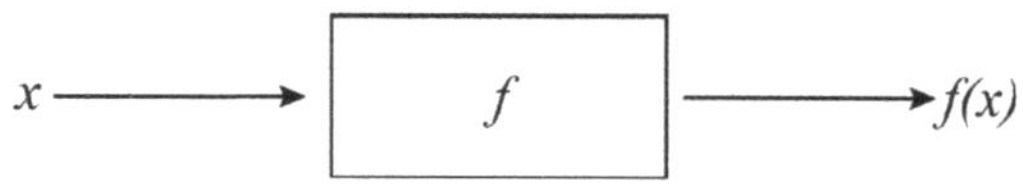


## 5.1 함수의 개념

**정의 5.1 함수**

공집합이 아닌 두 집합 X, Y에 대하여, 집합 X에서 집합 Y로의 이진 관계 R은 만약 집합 X의 모든 원소 x에 대하여 (x, y)∈R인 집합 Y의 유일한 원소 y가 존재하면 **함수**(function)라고 한다. 이때 X에서 Y로의 함수 R에 대하여 (x, y)∈R이라는 표현 대신에 R(x)=y라고 쓸 수 있다.

R대신 함수에 주로 사용되는 f를 사용하여 함수를 다시 정의하면 다음과 같다.

**함수의 다른 정의**

공집합이 아닌 두 집합 X, Y에 대하여, 집합 X에 속한 각 원소가 집합 Y에 있는 단일 원소에 대응될 때, f는 집합 X에서 집합 Y로의 함수라고 하며, f : X→Y로 나타낸다.

**정의 5.2 정의역, 공변역, 치역**

함수 f : X→Y를 집합 X에서 집합 Y로의 **사상**(mapping)이라고도 하며, 집합 X의 원소 x가 집합 Y의 원소 y에 대응된다면 f(x)=y로 나타낼 수 있다. 이때 y는 f의 **상**(image)이라고 한다. 또한 집합 X를 함수 f의 **정의역**(domain), 집합 Y를 함수 f의 **공변역**(codomain)이라고 하며 X의 원소에 대응되는 모든 상의 집합을 **치역**(range)이라고 한다. 이를 각각 dom(f), codom(f), ran(f)로 나타내기도 한다.

일반적으로, 집합 X에서 집합 Y로 사상되는 함수를 다음과 같이 화살표 도표 형식으로 나타낸다.

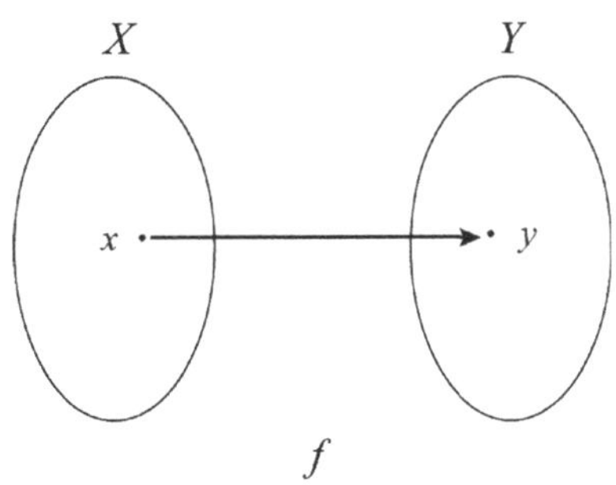


**예제 5.1** 다음 그림에서 나타내는 관계가 함수인지 판별하여라.

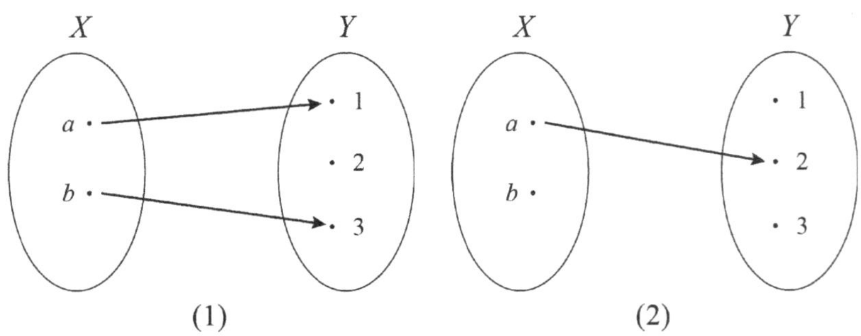

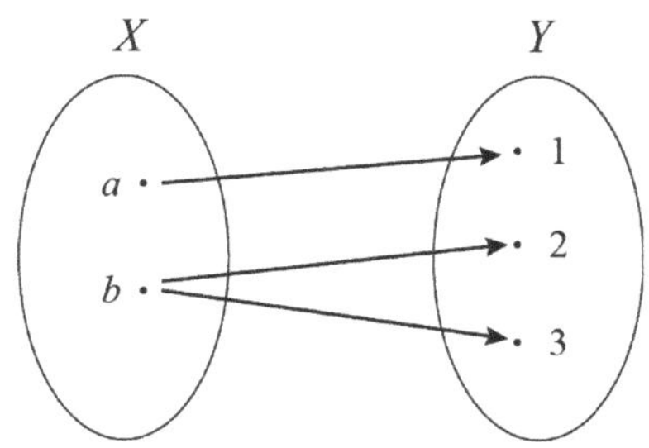


(3)

풀이 (1) 집합 X의 모든 원소가 집합 Y의 원소에 하나씩 대응되었으므로 함수다.

(2) 집합 X의 원소 b가 집합 Y의 원소에 대응되지 않았으므로 함수가 아니다.

(3) 집합 X의 원소 b가 집합 y의 원소 1과 2에 두 번 대응되었으므로 함수가 아니다.

**예제 5.2** 집합 X={a, b, c, d}, Y={1, 2, 3, 4}일 때 다음 관계가 함수인지 판별하고 함수일 경우 정의역, 공변역, 치역을 구하라.

(1) {(a, 1), (b, 3), (c, 2)}

(2) {(a, 1), (b, 2), (c, 3), (d, 3)}

풀이 (1) 집합 X의 원소 d에 대응하는 집합 Y의 원소가 없으므로 함수가 아니다.

(2) 집합 X의 원소가 집합 Y의 원소에 한 번씩 대응되므로 함수다. 이때 정의역은 X이고 공변역은 Y이며, 치역은 {1, 2, 3}이다.

**예제 5.3** 다음 함수의 정의역, 공변역, 치역을 구하라.

(1) {(x, y) | x, y∈$N$, y=x+1}

(2) {(x, y) | x, y∈$Z$, y=x+1}

풀이 (1) 정의역과 공변역은 자연수의 집합 $N$이고, 치역은 {2, 3, 4, ⋯}이다.

(2) 정의역과 공변역은 정수의 집합 $Z$이고, y의 각 값에 대하여 y=x+1을

만족시키는 실수 x가 존재하므로 치역도 $Z$가 된다.

**정의 5.3 함수의 그래프**

특수한 2진 관계인 함수 f : X→Y가 다음과 같이 순서쌍들의 집합으로 좌표 평면 상에 기하학적으로 표현될 때, 이를 **함수의 그래프**(function graph)라고 한다.

$$G=\{(x, y) \mid x \in X, y \in Y, y=f(x)\}$$

함수의 정의에 의하여, 함수 f의 그래프에서 순서쌍들은 집합 X의 모든 원소 x에 대하여 오직 하나의 대응되는 y값을 가져야 한다.

**예제 5.4** 함수 f : $R \to R$일 때, 함수의 그래프를 그려라.

(1) $y=x-2$

(2) $y=x^2$

(3) $y=|x|$

풀이 (1) $y=x-2$를 순서쌍의 집합으로 표시하면 $G=\{(x, y) \mid x \in R, y=x-2\}$가 되고 좌표 평면상에 나타내면 다음과 같다.

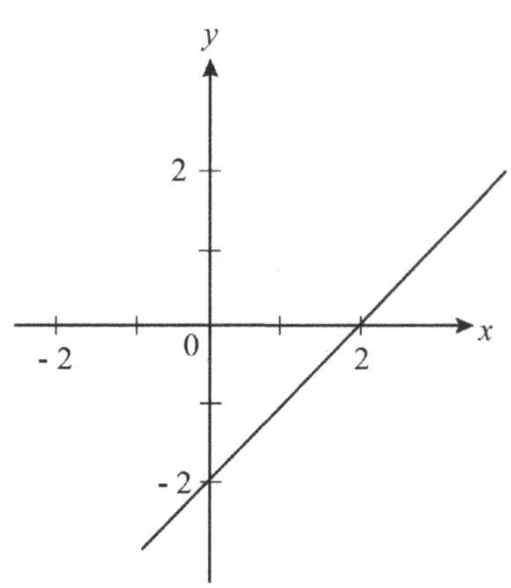

(2) $y=x^2$를 순서쌍의 집합으로 표시하면 $G=\{(x, y) \mid x \in R, y=x^2\}$가 되고 좌표 평면상에 나타내면 다음과 같다.

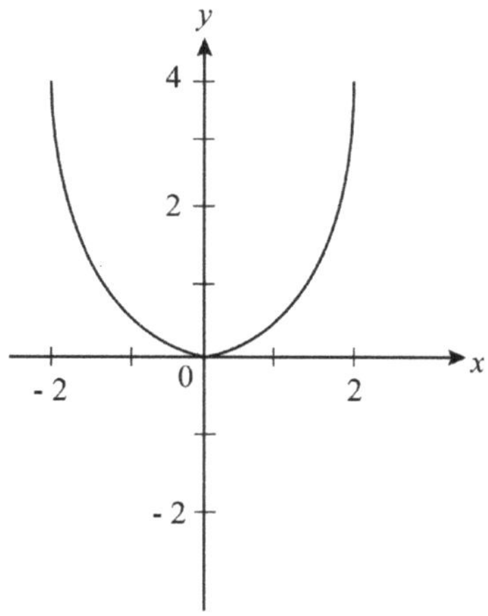


(3) $y=|x|$를 순서쌍의 집합으로 표시하면 $G=\{(x, y) \mid x \in R, y=|x|\}$가 되고 좌표 평면상에 나타내면 다음과 같다.

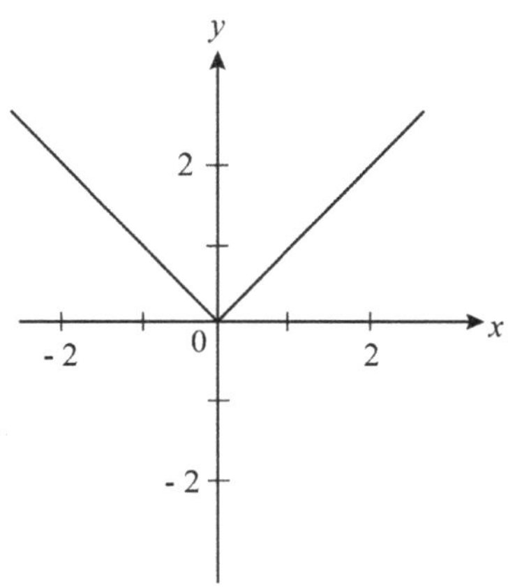

### 프로그래밍 언어에서의 함수

C나 Java와 같은 프로그래밍 언어에서는 제곱근, 최대값, 최소값, SIN, COS 등과 같이 독립적인 계산을 위해 언어에 내장된 함수(built-in function)를 갖거나 프로그래머가 동일한 작업을 여러 번 수행할 필요가 있을 때 함수를 직접 작성한다. 함수를 이용하여 프로그램의 효율성과 가독성을 높일 수 있다. 함수는 정의역에 있는 매개변수(parameter)를 통하여 값을 입력 받아서 계산한 후 결과값을 호출한 곳으로 반환한다.

**예제 5.5** 다음 C 프로그램에서 함수의 정의역, 공변역, 치역을 구하라.

```
double square(double x)
{
    return x * x
}
```

**풀이** C 언어에서 double은 실수 자료 형을 뜻하며, 매개 변수 x 앞의 자료 형이 정의역이고, 함수 이름 앞의 자료 형은 공변역을 나타낸다. 따라서 위 함수 square(제곱)의 정의역과 공변역은 모두 실수 $R$이며, 치역은 0보다 크거나 같은 실수다.

### 재귀 함수

대부분의 고급 프로그래밍 언어에서는 함수의 귀납적 정의와 마찬가지로 함수를 프로그래밍 할 수 있는데 이를 **재귀 함수**(recursive function)라고 한다. 재귀를 다른 말로 되부름이라고 하며 함수가 스스로를 호출한다는 의미이다.

**예제 5.6** 다음은 계승(factorial) 함수의 수학적 정의다. 계승함수를 재귀적으로 프로그래밍하라.

$$n! \begin{cases} 1 & \text{if } n = 0 \\ n \cdot (n-1)! & \text{if } n > 0 \end{cases}$$

풀이 다음은 계승함수를 C 언어로 작성한 예이다.

```
double fac(int i)
    {
      if (i<=1)  return(1);
      else  return(i * fac(i-1));
    }
```

## 5.2 함수의 성질

3가지 중요한 함수인 단사함수, 전사함수, 전단사함수를 통하여 함수의 성질을 살펴본다.

**정의 5.4 단사함수**

함수 $f : X \to Y$에서, $x_1, x_2 \in X$에 대하여 $x_1 \neq x_2$이면 $f(x_1) \neq f(x_2)$일 때 함수 f를 **단사함수**(injection, injective function, one-to-one function)라고 한다. 즉,

$$\forall x_1, x_2 \in X,\ x_1 \neq x_2 \to f(x_1) \neq f(x_2)$$
$$\Leftrightarrow \forall x_1, x_2 \in X,\ f(x_1) = f(x_2) \to x_1 = x_2$$

**정의 5.5 전사함수**

함수 $f : X \to Y$에서, 모든 $y \in Y$에 대하여 $f(x)=y$인 원소 $x \in X$가 적어도 하나 존재할 때 함수 f를 **전사함수**(surjection, surjective function, onto function)라고 한다. 즉,

$$\forall y \in Y,\ \exists x \in X,\ f(x)=y$$

**정의 5.6 전단사함수**

단사함수이면서 전사함수인 함수 f를 **전단사함수**(bijection, bijective function, one－to－one correspondence)라고 한다.

다음은 단사함수, 전사함수, 전단사 함수의 예이다.

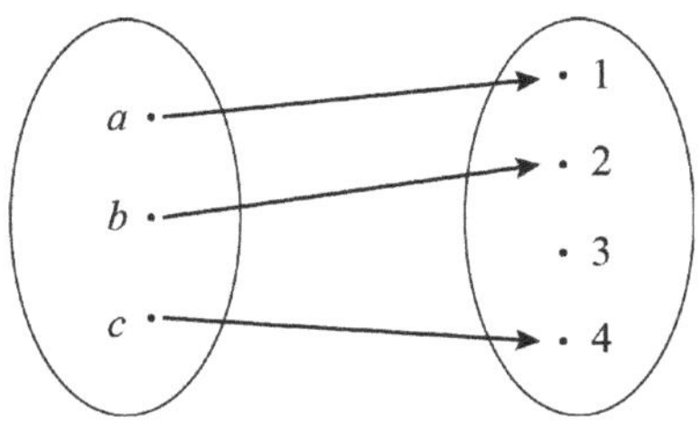


단사함수

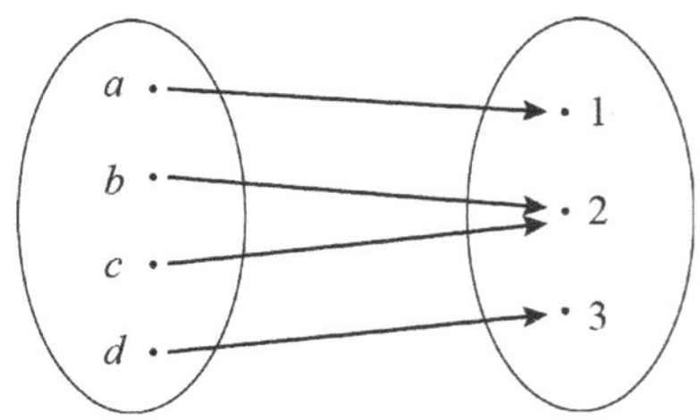


전사함수

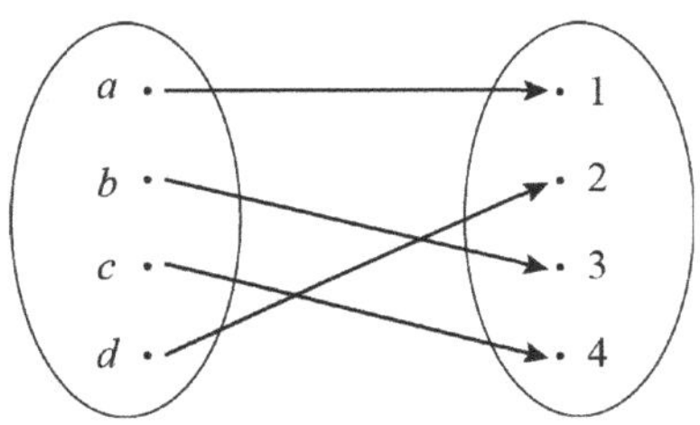


전단사함수

단사함수는 함수의 치역이 공변역의 부분집합이 되며, 정의역에 있는 원소의 개수가 공변역에 있는 원소의 개수보다 작거나 같다. 즉 위의 정의에서 $|X| \leq |Y|$이다.

전사함수는 함수의 치역이 공변역과 같으며, 정의역에 있는 원소의 개수가 공변역에 있는 원소의 개수보다 크거나 같다. 즉 위의 정의에서 $|X| \geq |Y|$이다.

전단사함수는 함수의 치역이 공변역과 같으며, 정의역에 있는 원소의 개수가 공변역에 있는 원소의 개수와 같다. 즉 위의 정의에서 $|X| = |Y|$이다.

**예제 5.7** 다음 함수가 단사, 전사, 전단사함수인지 판별하여라.

(1) f : $N \to Z$일 때 f(x)=2x+1

(2) f : $R \to R$일 때 f(x)=2x+1

(3) f : $N \to Z$일 때 $f(x)=x^2$

(4) f : $R \to R$일 때 $f(x)=x^2$

풀이 (2)와 (4)의 그래프는 다음과 같다.

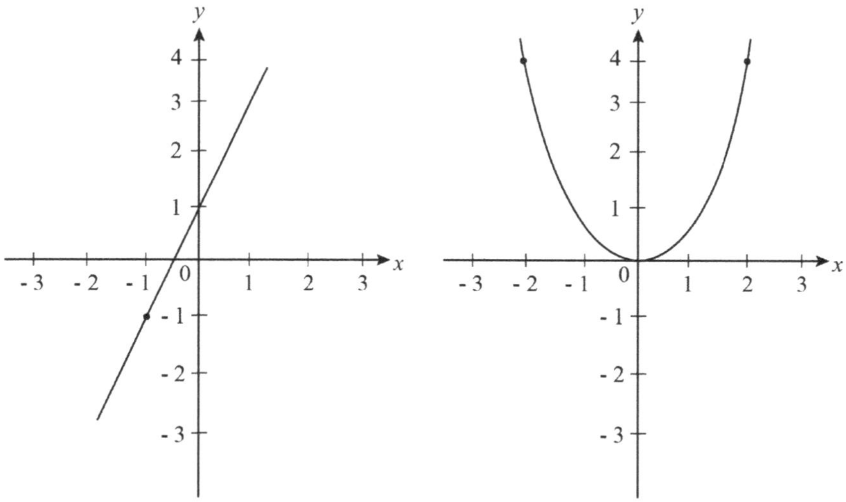

$f(x) = 2x + 1$ $f(x) = x^2$

(1) 단사함수지만 함수값들이 모든 정수를 포함하지 않으므로 전사는 아니다.

(2) 그림에서 알 수 있듯이 단사면서 전사이므로 전단사함수다.

(3) 단사함수지만 전사함수는 아니다.

(4) f(−1)=1이고 f(1)=1이므로 단사함수가 아니다. 또한 f(x)=−1을 만족하는 x가 없으므로 전사함수도 아니다.

**예제 5.8** 다음 함수가 단사, 전사, 전단사함수인지 판별하여라.

(1) f : $R \to R$일 때 $f(x)=2^x$

(2) f : $R \to R$일 때 $f(x)=x^3$

(3) f : $R \to R$일 때 $f(x)=\sin x$

(4) f : $R \to R$일 때 $f(x)=|x|$

**풀이** (1), (2), (3)의 그래프는 다음과 같다.

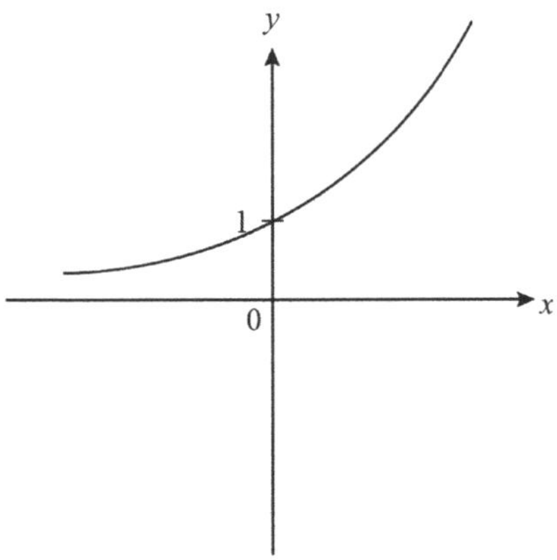


$f(x) = 2^x$

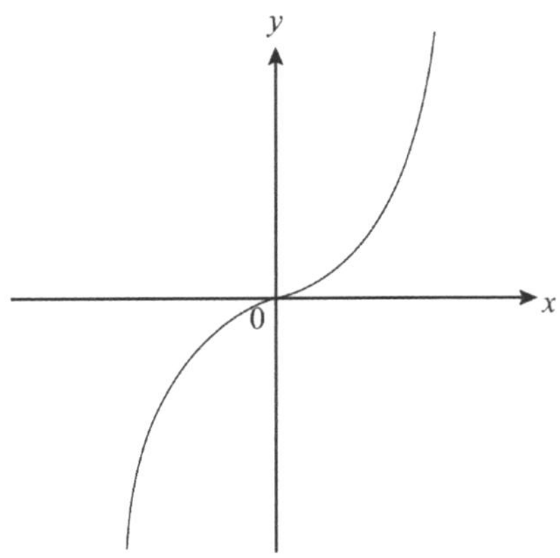


$f(x) = x^3$

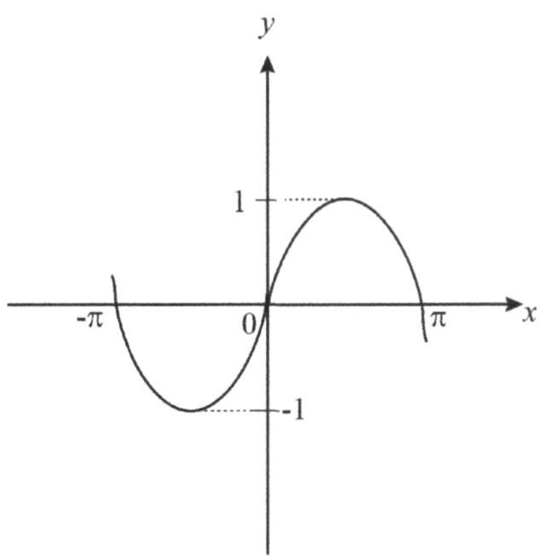


$f(x) = \sin x$

(1) 단사함수지만 전사함수는 아니다.

(2) 전단사함수다.

(3) $f(0)=f(\pi)$이므로 단사함수가 아니고, $-1 \leq f(x) \leq 1$이므로 전사함수도 아니다.

(4) $|-1|=|1|$이므로 단사함수가 아니고, $f(x)=-1$을 만족하는 x가 없으므로 전사함수도 아니다.

## 5.3 함수의 개수

이 절에서는 곱집합(Cartesian product)의 부분집합인 관계와 특수한 관계인 함수의 개수에 대하여 알아본다.

집합 A, B의 곱집합의 카디널리티는 $|A \times B|$이므로 A에서 B로의 관계의 개수는 $A \times B$의 부분집합의 수인 $2^{|A \times B|}$이다. 다음과 같이 정리할 수 있다.

**곱집합의 카디널리티와 관계의 개수**

집합 A, B의 카디널리티가 각각 $|A|=m$, $|B|=n$일 때,

곱집합의 카디널리티 : $|A \times B| = mn$

관계의 개수 : $|P(A \times B)| = 2^{|A \times B|} = 2^{mn}$

■ ■ ■ ■ ■

이제 함수의 개수에 대하여 알아보자. 집합 A에서 B로의 함수의 개수는 m개의 원소 각각에 대하여 n개의 사상이 가능하므로, $n \times n \times n \times \cdots = n^m$ 개의 함수가 존재한다. 단사함수의 경우는 m이 n보다 작거나 같을 때만 가능하며, A의 첫 원소에 대하여 n개의 사상이 가능하고, A의 다음 원소에 대하여는 첫 원소가 사상된 B의 원소를 제외한 $n-1$개가 가능하다. 따라서 단사함수의 개수는 $nPm$ 이다. 전사 함수의 경우는 매우 복잡하다. 우선 m이 n보다 작은 경우에는 전사가 불가능하므로 m이 n보다 크거나 같아야 한다. 모든 가능한 함수들에서 전사가 아닌 것들을 빼는 방식으로 생각해 보자. 위에서 확인

했듯이 총 함수의 개수는 $n^m$이다. 여기서 B의 원소의 개수보다 하나 적은 개수의 원소로 사상되는 경우는 전사함수가 아니므로 제외한다. 이런 경우의 수는 $(n-1)^m$이 ${}_nC_{n-1}$ 만큼 존재한다. 그런데 이 안에는 $(n-2)^m$의 ${}_nC_{n-2}$ 개수 만큼이 중복되어 제외되었으므로 다시 더해주어야 한다. 이러한 과정을 ${}_nC_1$까지 반복하여 전사 함수의 개수를 구할 수 있다. 전단사 함수의 개수는 두 집합의 원소의 개수가 같아야 하므로 m개의 원소를 순서있게 나열한 경우의 수 m!이 된다.

정리하면 다음과 같다.

**함수의 개수**

집합 A, B의 카디널리티가 각각 |A|=m, |B|=n일 때,

A에서 B로의 함수의 개수 : $n^m$

단사 함수의 개수(m≤n 경우) : $nPm = \frac{n!}{(n-m)!}$

전사 함수의 개수(m≥n 경우) :

$${}_nC_n n^m - {}_nC_{n-1}(n-1)^m + {}_nC_{n-2}(n-2)^m - \cdots + (-1)^{n-1}{}_nC_1 1^m$$

$$= \sum_{k=0}^{n-1}(-1)^k {}_nC_{n-k}(n-k)^m$$

전단사 함수의 개수 : m!

**예제 5.9** A={1, 2, 3, 4}, B={a, b, c}일 경우 A에서 B로의 전사 함수는 몇 개가 가능한가?

**풀이** ${}_3C_3 3^4 - {}_3C_2 2^4 + {}_3C_1 1^4 = 81 - 48 + 3 = 36$

## 5.4 여러 가지 함수들

**정의 5.7 합성 함수**

함수 f : X→Y와 g : Y→Z에 대하여 집합 X에서 집합 Z로의 함수를 g∘f : X→Z로 나타내며, f와 g의 **합성 함수**(composition function)라고 한다. 합성함수 g∘f는 다음을 만족시킨다.

$$\forall x \in X,\ (g \circ f)(x) = g(f(x))$$

위의 정의에서 함수 f의 공변역은 함수 g의 정의역이 되며, f와 g, g∘f의 관계를 그림으로 나타내면 다음과 같다.

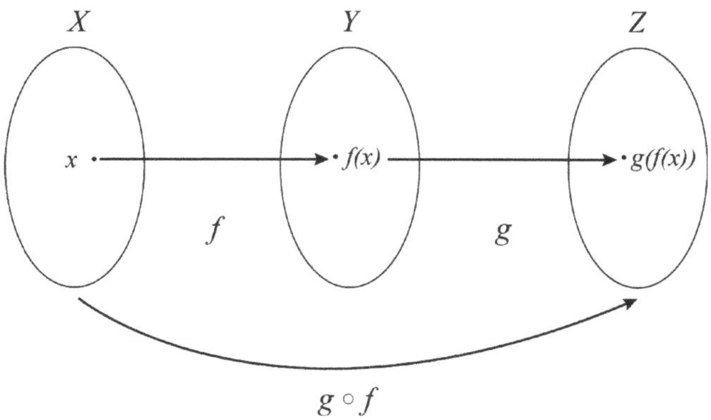


**예제 5.10** 두 함수 f : X→Y와 g : Y→Z가 다음 그림과 같을 때, f와 g의 합성함수 g∘f를 구하라.

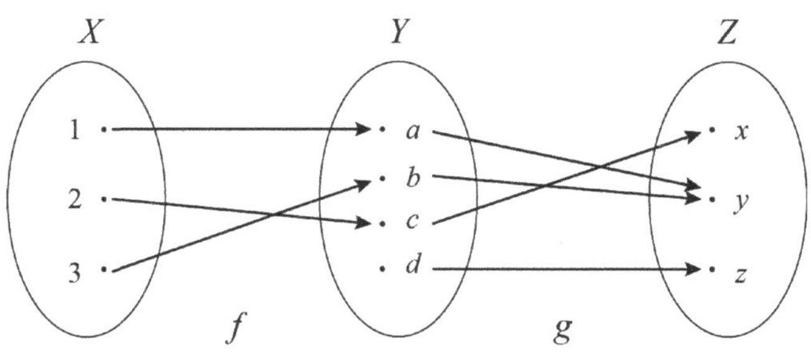

풀이 $(g \circ f)(1)=g(f(1))=g(a)=y$,
$(g \circ f)(2)=g(f(2))=g(c)=x$,
$(g \circ f)(3)=g(f(3))=g(b)=y$이므로,
$(g \circ f)=\{(1, y), (2, x), (3, y)\}$이다.
이것을 화살표 도표로 나타내면 다음과 같다.

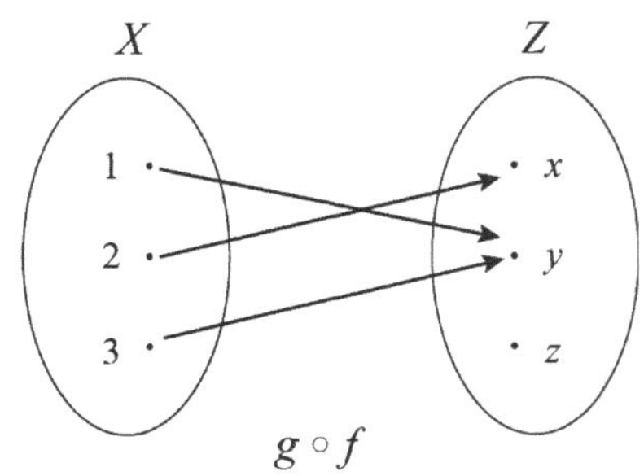


**예제 5.11** 두 함수 $f : R \to R$, $g : R \to R$에서 $f(x)=2x-1$, $g(x)=x^2-1$일 때, $(g \circ f)(x)$와 $(f \circ g)(x)$를 구하라.

풀이 $(g \circ f)(x)=g(f(x))=g(2x-1)=(2x-1)^2-1=4x^2-4x+1-1=4x^2-4x$
$(f \circ g)(x)=f(g(x))=f(x^2-1)=2(x^2-1)-1=2x^2-2-1=2x^2-3$

위의 예제에서 $g \circ f \neq f \circ g$이므로, 합성함수는 교환법칙이 성립하지 않음을 알 수 있다. 합성함수는 결합법칙이 성립한다는 것을 확인해보자.

**정리 5.1**

세 함수 $f : A \to B$, $g : B \to C$, $h : C \to D$일 때 합성함수는 다음과 같이 결합 법칙이 성립한다.

$$h \circ (g \circ f)=(h \circ g) \circ f$$

증명) $\forall x \in A$,

좌변은, $(h \circ (g \circ f))(x)=h((g \circ f)(x))=h(g(f(x)))$

우변은, $((h \circ g) \circ f)(x)=(h \circ g)(f(x))=h(g(f(x)))$
그러므로 $(h \circ (g \circ f))(x)=((h \circ g) \circ f)(x)$이다.
따라서 $h \circ (g \circ f)=(h \circ g) \circ f$가 성립한다.

합성 함수는 결합 법칙이 성립하므로, 괄호없이 $h \circ g \circ f$로 표기할 수 있다.

**예제 5.12** 세 함수 $f(x)=x^2-1$, $g(x)=3x+2$, $h(x)=2x-1$에 대하여 다음 값을 구하여라.

(1) $g \circ f$
(2) $h \circ g$
(3) $h \circ (g \circ f)$
(4) $(h \circ g) \circ f$

**풀이**
(1) $(g \circ f)(x)=g(x^2-1)=3(x^2-1)+2=3x^2-1$
(2) $(h \circ g)(x)=h(3x+2)=2(3x+2)-1=6x+3$
(3) $(h \circ (g \circ f))(x)=h((g \circ f)(x))=h(3x^2-1)=2(3x^2-1)-1=6x^2-3$
(4) $((h \circ g) \circ f)(x)=(h \circ g)(f(x))=(h \circ g)(x^2-1)=6(x^2-1)+3=6x^2-3$

**정의 5.8 역함수**

전단사 함수 $f : X \rightarrow Y$에 대하여 f의 **역함수**(inverse function)는 $f^{-1} : Y \rightarrow X$로 표기하며 다음과 같이 정의한다.

$$\forall x \in X,\ \forall y \in Y,\ f(x)=y \rightarrow f^{-1}(y)=x$$

역함수가 존재하는 전단사 함수를 **가역함수**(invertible function)라고 한다.

역함수를 그림으로 나타내면 다음과 같다.

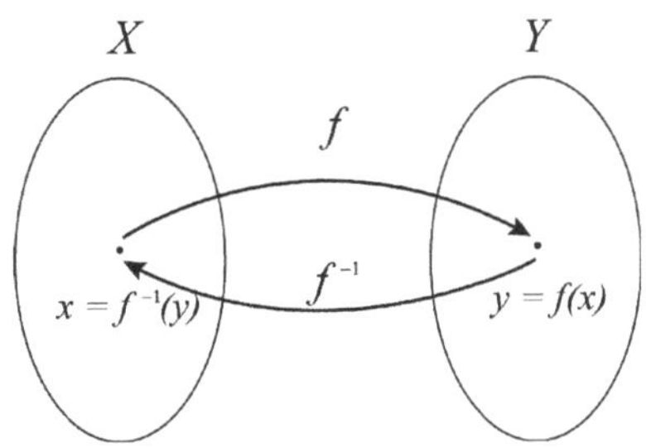


함수 $f$의 역함수 $f^{-1}$

**예제 5.13** 함수 f : $Z \to Z$일 때 f(x)=x+1의 역함수가 존재하는지 확인하고 존재한다면 역함수를 구하라.

풀이 f는 전단사 함수이므로 역함수가 존재하며, $f^{-1}(y)=y-1$이다.

**예제 5.14** 함수 f : $Z \to Z$일 때 $f(x)=x^2+1$의 역함수가 존재하는지 확인하고 존재한다면 역함수를 구하라.

풀이 $f(-1)=f(1)=2$이므로 f는 전단사 함수가 아니다. 따라서 역함수는 존재하지 않는다.

**정의 5.9 항등 함수**

집합 X에 대한 함수 f : X→X가 모든 x∈X에 대하여 f(x)=x일 때 f를 **항등 함수**(identity function)라고 하며, $I_X$로 표기한다. 즉,

$$\forall x \in X, \quad I_X(x)=x$$

**예제 5.15** 집합 X={−1, 0, 1}일 때 모든 x∈X에 대한 함수 $f(x)=x^3$이 항등 함수인지 보여라.

풀이 $f(-1)=-1$, $f(0)=0$, $f(1)=1$이므로 항등 함수이다.

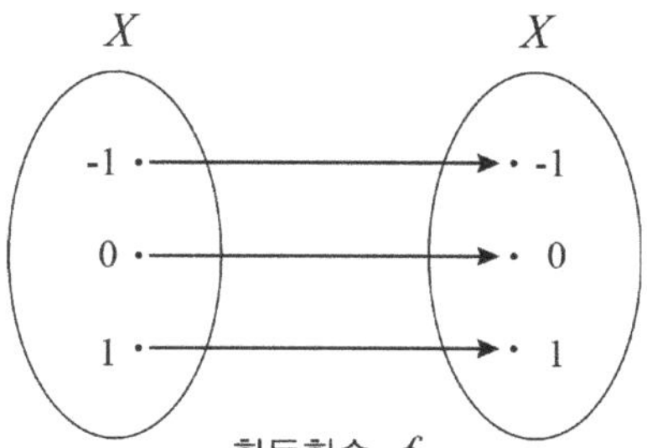

항등함수 $f$

**정의 5.10 상수 함수**

함수 f : X→Y에서 집합 X의 모든 원소가 집합 Y의 오직 한 원소에만 대응될 때 함수 f를 **상수 함수**(constant function)라고 한다.

$$\forall x \in X,\ \exists y \in Y,\ f(x)=y$$

**예제 5.16** 함수 f : $N \rightarrow \{1, 2, 3, 4\}$일 때 모든 자연수 x에 대하여 f(x)=3이면 f는 상수 함수인지 확인하라.

풀이 f(1)=3, f(2)=3, f(3)=3, …이므로 상수 함수이다.

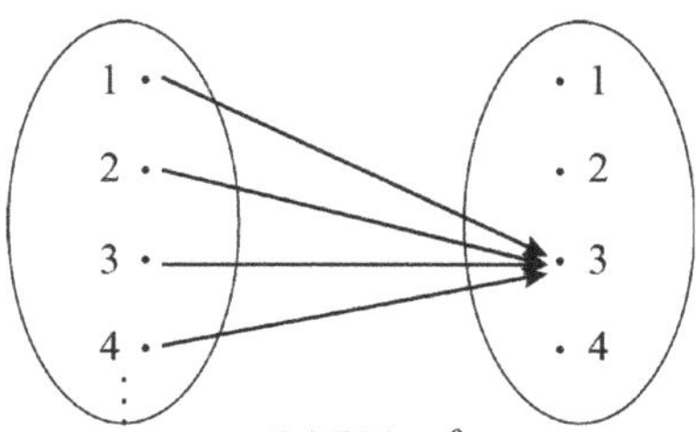

상수함수 $f$

# 연습문제

제5장_ 함수

1. 집합 X={1, 2, 3, 4}일 때 다음 관계가 X에서 X로의 함수인지 판별하고 함수일 경우 정의역, 공변역, 치역을 구하라.

   (1) f={(2, 3), (1, 4), (2, 1), (3, 2), (4, 4)}

   (2) g={(3, 1), (4, 2), (1, 1)}

   (3) h={(1, 1), (2, 1), (3, 4), (4, 4)}

2. A={1, 2}, B={a, b}일 때, 함수 f : A→B의 가능한 모든 경우를 나열하라.(단, a≠b이다.)

3. 함수 f : *Z*→*Z*일 때, 각 함수가 단사, 전사, 전단사인지 판별하고 각 함수의 치역을 구하라.

   (1) f(x)=x+2

   (2) f(x)=2x+4

4. A={1, 2, 3, 4, 5, 6, 7}, B={a, b, c, d}일 경우 A에서 B로의 전사 함수는 몇 개가 가능한가?

5. A={1, 2, 3}, B={a, b, c, d, e}일 때

   (1) A에서 B로의 함수는 몇 개가 가능한가?

   (2) B에서 A로의 함수는 몇 개가 가능한가?

(3) A에서 B로의 단사 함수는 몇 개가 가능한가?

(4) B에서 A로의 전사 함수는 몇 개가 가능한가?

6. f : A→B에서 |B|=3일 때, 함수의 개수가 2187개 가능하다면 |A|는?

7. A={1, 2}일 때, f : A→B로 정의된 단사함수가 20가지 존재할 수 있다면 |B|는?

8. 두 함수 f : $R$→$R$, g : $R$→$R$에서 f(x)=2x+1, g(x)=$x^2$−2일 때, (g∘f)(x)와 (f∘g)(x)를 구하라.

9. 세 함수 f : A→B, g : B→C, h : C→D가 다음 그림과 같을 때,

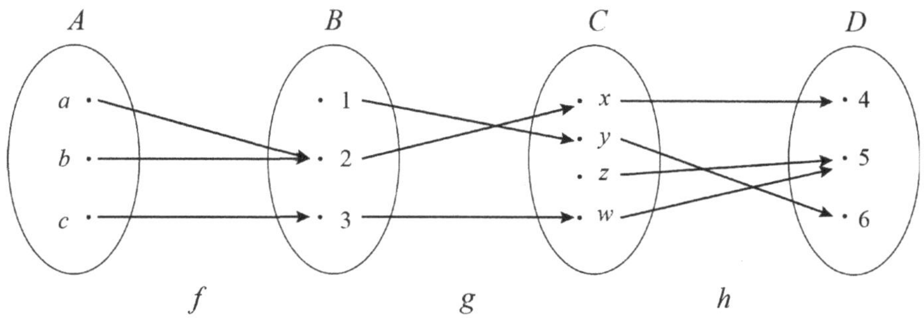


(1) 각 함수가 전사함수인지 판별하여라.

(2) 합성함수 h∘g∘f를 구하라.

10. 함수 f : $R$→$R$일 때 f(x)=2x−5의 역함수가 존재하는지 확인하고 존재한다면 역함수를 구하라.

11. 함수 f : $R$→$R$일 때 f(x)=$x^3$+1의 역함수가 존재하는지 확인하고 존재한다면 역함수를 구하라.

**12.** 피보나치 수(fibonacci number) $f_0$, $f_1$, $f_2$, … 는 다음과 같이 재귀적으로 정의된다. C로 재귀함수를 작성하라.

$$\begin{cases} f_0 = 0, f_1 = 1 \\ f_n = f_{n-1} + f_{n-2}, \text{if } n > 1 \end{cases}$$

**13.** 다음 재귀함수들의 f(1), f(2), f(3)의 값을 각각 구하라. 단 f(0)=1이고 n=0, 1, 2, …이다.

(1) f(n+1)=f(n) + 2

(2) f(n+1)=2 · f(n)

(3) f(n+1)=$2^{f(n)}$

(4) f(n+1)= $f(n)^2 + f(n) + 1$

# 제6장

# 그래프

이산수학

그래프 이론은 현실세계의 수많은 문제들에 적용될 수 있는 흥미로운 주제이다. 우리가 흔히 접하는 지하철 역 최단거리 찾기 문제나 컴퓨터 네트워크에서의 라우팅 문제, 운영체제에서의 데드락(deadlock) 탐지 문제 등 많은 실용적인 문제들이 그래프로 모델링 될 수 있다.

## 6.1 그래프의 개념

**정의 6.1 그래프**

**그래프**(graph) G는 두 개의 집합으로 구성되며 G=(V, E)로 표시한다. 여기서 V는 공집합이 아닌 **정점**(vertex)들의 집합이며, E는 정점들을 연결하는 **연결선**(edge)들의 집합이다. 정점은 꼭지점, 노드(node) 등으로도 불리며, 연결선은 간선, 아크(arc) 등으로도 불린다.

정점들의 집합 V={$v_1$, $v_2$, ..., $v_n$}이 주어졌을 때, 연결선의 집합 E는 정점 $v_i$, $v_j$∈V의 쌍 ($v_i$, $v_j$)로 나타낸다. 그림 6.1의 그래프를 G라 하면 다음과 같이 집합으로 나타낼 수 있다.

G=(V, E)
V={a, b, c, d}
E={(a,b), (b,c), (b,d), (c,d)}

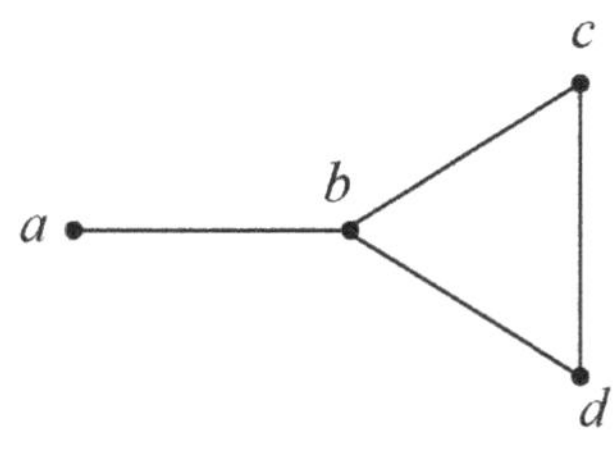


그림 6.1 ▸ 그래프

**정의 6.2 방향 그래프**

그래프 D=(V, E)에서 연결선의 두 정점이 순서쌍(ordered pair)일 때 D를 **방향그래프**(directed graph, digraph)라고 한다.

일반적으로 그래프는 방향이 없는 그래프를 의미하며, 특별히 방향 그래프를 나타내기 위하여, 그래프는 G=<V, E>로, 연결선은 $<v_1, v_2>$ 또는 $v_1 \rightarrow v_2$ 형태로 나타내기도 한다. 이 책에서는 그러한 구별은 하지 않지만, 단지 G대신 D로 표시하기로 한다. 주의할 점은 일반 그래프의 연결선 (u, v)와 (v, u)는 동일한 연결선을 의미하는 반면, 방향 그래프에서의 (u, v)는 u에서 시작하여 v로 끝나는 연결선을 의미하므로 (v, u)와 구별된다는 것이다.

그림 6.2의 방향 그래프를 D라 하면 다음과 같이 집합으로 나타낼 수 있다.

D=(V, E)
V={a, b, c}
E={(a,b), (a,c), (b,c)}

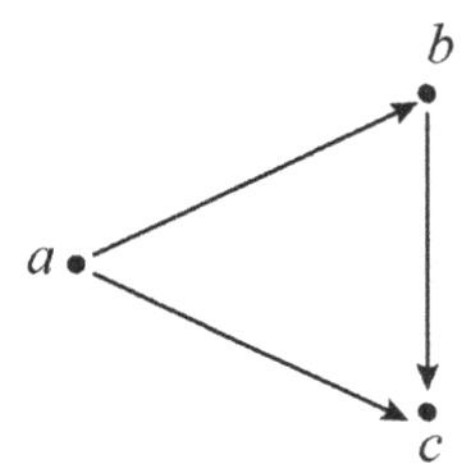


그림 6.2 ▸ 방향 그래프

**정의 6.3 인접, 접합**

그래프 G에서 (u, v)∈E 일 때, "정점 u와 v는 서로 **인접**(adjacent)하고 있다"라고 하고, e=(u, v)라고 하면 u와 v를 e의 **끝점**(end point)라고 한다. 또 "e는 정점 u와 v를 **접합**(incident)하고 있다"라고 한다.

**정의 6.4 단순 그래프와 다중 그래프**

연결선의 두 끝점이 같은 정점이면 이 연결선을 **루프**(loop)라고 한다. 또한, 한 쌍의 정점 사이에 두 개 이상의 연결선이 있거나 루프를 가진 그래프를 **다중 그래프**(multigraph)라고 하며, 다중 그래프가 아닌 그래프를 **단순 그래프**(simple graph)라고 한다.

그림 6.1은 단순 그래프이고, 그림 6.3은 다중 그래프이다. 단순 그래프는 루프를 갖지 않는다.

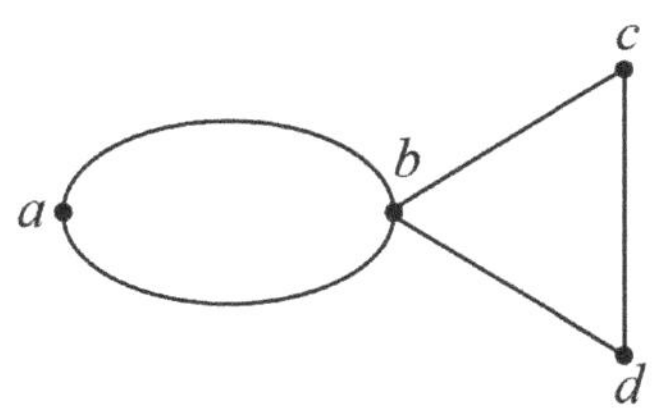


그림 6.3 ▸ 다중 그래프

**정의 6.5 차수**

그래프 G의 임의의 정점 v의 **차수**(degree)는 v를 끝점으로 하는 연결선의 개수를 말하며, deg(v)로 나타낸다.

**예제 6.1** 그림 6.3의 그래프에서 각 정점의 차수를 구하여라.

풀이 deg(a)=2, deg(b)=4, deg(c)=2, deg(d)=2

**예제 6.2** 그림 6.4의 그래프에서 각 정점의 차수를 구하여라.

풀이 루프가 존재하는 그래프이다. 루프는 자기 자신으로 돌아오는 연결선이므로 그 차수만 2가 된다. 연결선의 집합 E는 다음과 같다.

$$E=\{(a,b),\ (b,c),\ (c,c)\}$$

따라서 각 정점의 차수는 다음과 같다.

$$\deg(a)=1,\ \deg(b)=2,\ \deg(c)=3$$

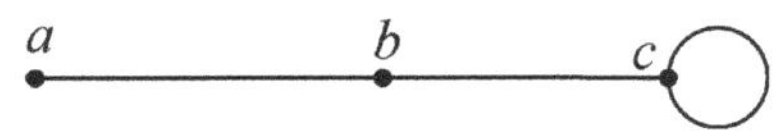

그림 6.4 ▶ 루프가 있는 그래프

**정리 6.1**

그래프 G=(V, E)에서 모든 정점의 차수의 합은 모든 연결선 개수의 2배이다.

$$\sum_{v \in V} \deg(v) = 2|E|$$

그림 6.3에서 연결선의 개수는 5이며, 모든 정점의 차수의 합은 10이다. 또, 그림 6.4의 경우 연결선은 루프를 포함하여 3개이고, 차수의 합은 6이다.

**정의 6.6 경로**

그래프에서 정점과 연결선의 연속으로 구성된 $(v_1, e_1, v_2, e_2, \cdots, e_{n-1}, v_n)$와 같은 형태를 **경로**(path)라고 한다. 두 정점의 경로를 구성하는 연결선의 수를 **경로의 길이**(length)라고 한다. 이 경우 경로의 길이는 n−1이 된다.

경로는 정점의 연속 $(v_1, v_2, \cdots, v_n)$ 또는 연결선의 연속 $(e_1, e_2, \cdots, e_{n-1})$으로 나타내기도 한다.

**정의 6.7 단순 경로와 기본 경로**

같은 연결선을 두 번 포함하지 않는 경로를 **단순 경로**(simple path)라고 하고, 어떤 정점들도 반복하여 방문하지 않는 경로를 **기본 경로**(elementary path)라고 한다.

그림 6.5에서 경로 $(a, b, c, d, b, e)$는 단순 경로지만 기본 경로는 아니다. 경로 $(a, b, e)$는 단순 경로이면서 기본 경로이다. 일반적으로 경로라고 하면 단순경로를 의미한다.

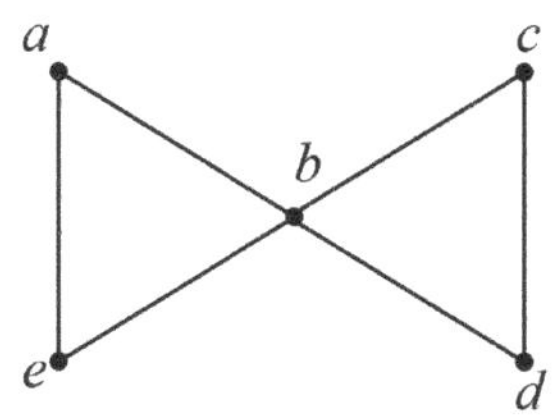


그림 6.5

**정의 6.8 순환**

경로 $(v_1, v_2, \cdots, v_n)$에서 $v_1$과 $v_n$이 같은 경로를 **순환**(cycle **또는** circuit)이라고 한다. 또한, 같은 연결선을 두 번 포함하지 않는 순환을 **단순 순환**(simple cycle)이라고 하고, 시작점을 제외한 어떤 정점들도 반복하여 방문하지 않는 순환을 **기본 순환**(elementary cycle)이라고 한다.

그림 6.5에서 순환 $(a, b, c, d, b, e, a)$는 단순 순환이지만 기본 순환은 아니다. 순환 $(a, b, e, a)$는 단순 순환이면서 기본 순환이다.

**정의 6.9 연결 그래프**

모든 정점들 사이에 경로가 존재하는 그래프를 **연결 그래프**(connected graph)라고 한다. 그렇지 않은 그래프를 **비연결 그래프**(disconnected graph)라고 한다.

그림 6.5는 연결 그래프이며, 그림 6.6은 비연결 그래프이다.

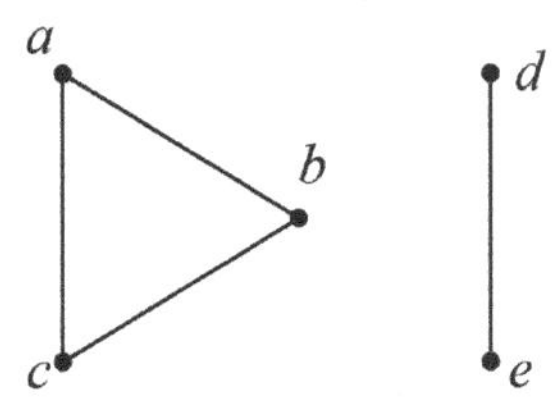


그림 6.6 ▸ 비연결 그래프

**정의 6.10 거리와 직경**

그래프 상의 두 정점간의 최단 경로의 길이를 두 정점간의 **거리**(distance)라고 하며, 두 정점간의 거리 중 최장거리를 그래프의 **직경**(diameter)이라고 한다.

그림 6.5에서 두 정점 a와 d간의 경로는 $(a, b, d)$, $(a, b, c, d)$, $(a, e, b, d)$, $(a, e, b, c, d)$ 등이 있다. 이들 중, 최단 경로는 $(a, b, d)$이고 길이는 2이므로 두 정점간의 거리는 2이다. 이 그래프의 직경은 2이다.

**예제 6.3** 그래프 G가 그림 6.7과 같을 때,

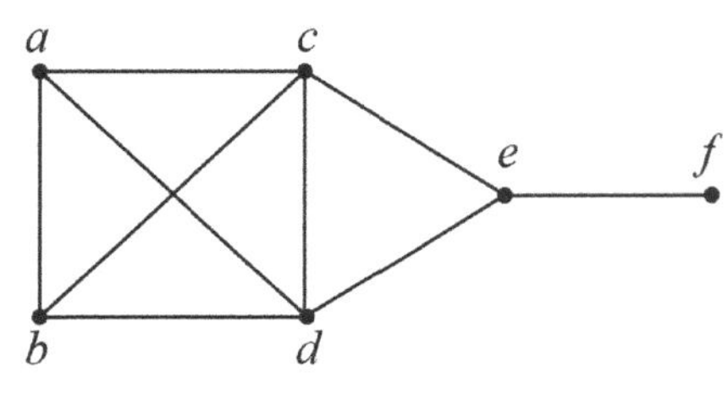


그림 6.7

(1) 정점 a와 d간의 거리를 구하여라.

(2) 정점 b와 e간의 거리를 구하여라.

(3) 그래프 G의 직경을 구하여라.

**풀이** (1) 정점 a와 d간의 최단 경로는 $(a, d)$이므로 거리는 1이다.

(2) 정점 b와 e간의 최단 경로는 $(b, c, e)$와 $(b, d, e)$이므로 거리는 2이다.

(3) 그래프 G의 직경은 두 정점간의 거리 중 최장거리인 a와 f간의 거리 (또는 b와 f간의 거리)인 3이다.

**정의 6.11 부분 그래프와 신장 부분 그래프**

그래프 G=(V, E)가 있을 때, V'⊆V이고, E'⊆E인 그래프 G'=(V', E')를 G의 **부분 그래프**(subgraph)라고 한다. 특히 V'=V이고 E'⊂E일 때, G'를 G의 **신장 부분 그래프**(spanning subgraph)라고 한다.

그림 6.8은 그림 6.7의 그래프 G의 두 가지 부분 그래프의 예이다. 특히 그림 6.8(b)의 그래프는 G의 신장 부분 그래프이다.

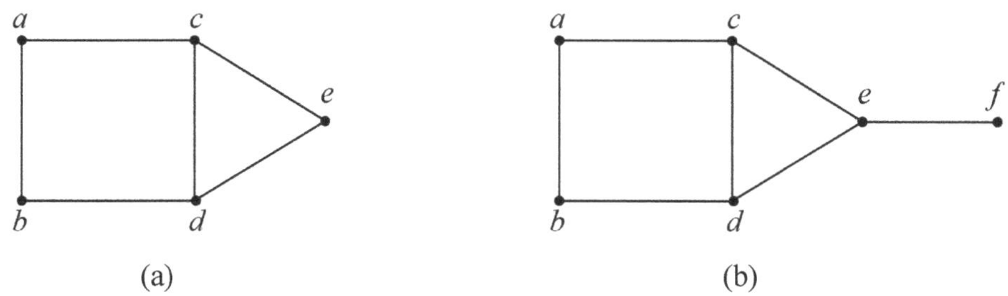


그림 6.8 ▸ 그래프 G(그림 6.7)의 부분그래프들

## 6.2 오일러 그래프와 해밀턴 그래프

### 6.2.1 오일러 그래프

그래프 이론은 아마도 18세기 프러시아의 쾨닉스베르크(Königsberg, 지금은 러시아의 Kaliningrad)라는 도시의 다리 문제를 스위스의 수학자 오일러(Leonard Euler)가 해결하면서 시작되었다는 것이 정설이다. 이 도시 프레겔(Pregel) 강에 있는 7개의 다리를 한 번씩만 지나 되돌아오는 산책경로가 존재하는지 여부를 밝히는 데 그래프 이론을 사용

하였다. 그림 6.9는 쾨닉스베르크의 다리들과 그래프 모델을 보여주고 있다. 그림 6.9(b)의 그래프에서 네 개의 정점 a, b, c, d는 6.9(a)의 육지를 나타내며 7개의 연결선들은 다리를 나타낸다.

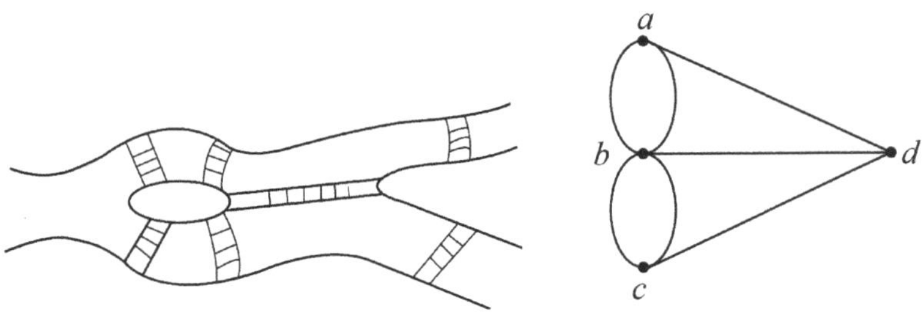


(a) (b)

그림 6.9 ▸ 쾨닉스베르트 다리와 그래프 모델

이 문제는 우리가 흔히 알고 있는 '한붓그리기' 문제와 동일한 문제다.
그림 6.10의 세 가지 그래프 중 어느 것이 한붓그리기가 가능한지 생각해보자.

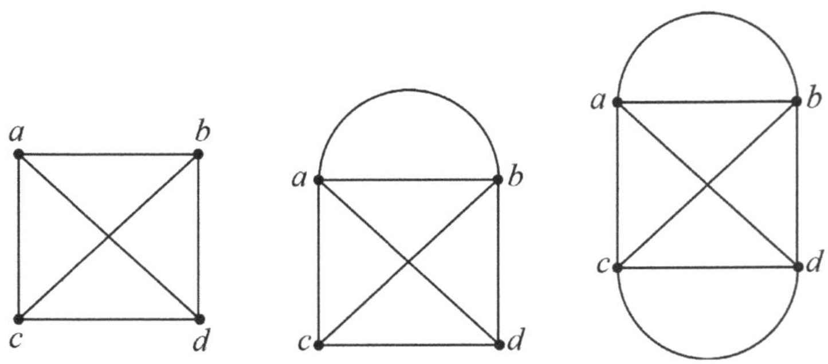


(a) (b) (c)

그림 6.10

답은 (b)와 (c)이며 (a)는 불가능하다. 그래프 (b)는 한 정점에서 시작해서 다른 정점에서 끝나는 답이 존재하고, 그래프 (c)는 시작 정점과 종료 정점이 동일한 답이 가능함을 알 수 있다.

**정의 6.12 오일러 경로, 오일러 순환, 오일러 그래프**

그래프에서 모든 연결선을 단 한 번씩만 방문하는 경로를 **오일러 경로**(Eulerian path)라고 한다. 그래프의 한 정점에서 출발하여 모든 연결선을 한 번씩만 방문하고 출발 정점으로 돌아오는 순환을 **오일러 순환**(Eulerian cycle **또는** Eulerian circuit)이라고 하며, 오일러 순환이 존재하는 그래프를 **오일러 그래프**(Eulerian graph)라고 한다.

그림 6.10에서 (a)에는 오일러 경로가 존재하지 않고, (b)와 (c)는 모두 오일러 경로가 존재한다. 그림 (c)에는 오일러 순환도 존재하므로 오일러 그래프이다.

**정리 6.2**

2개 이상의 정점을 갖는 어떤 그래프 G가 오일러 경로를 갖기 위한 필요충분조건은 G가 연결 그래프이고, 홀수 차수를 갖는 정점의 개수가 0 또는 2인 경우다.

**정리 6.3**

2개 이상의 정점을 갖는 어떤 그래프 G가 오일러 순환을 갖기 위한 필요충분조건은 G가 연결 그래프이고, 홀수 차수를 갖는 정점의 개수가 0(모든 정점들의 차수가 짝수)인 경우다.

그림 6.9의 쾨닉스베르크 다리문제의 경우 정점(육지)들이 모두 홀수 차수를 가지므로 오일러 경로는 존재하지 않는다. 그림 6.10(b)의 경우, 정점 c와 d가 홀수 차수를 가지므로 c(또는 d)에서 출발해서 d(또는 c)에서 끝나는 오일러 경로가 존재한다. 그림 6.10(c)는 모든 정점들이 짝수 차수를 가지므로 어느 정점에서 시작해서든지 그 정점으로 돌아오는 오일러 순환이 존재한다.

**예제 6.4** 그림 6.11의 그래프들이 오일러 경로를 갖는지 확인해 보자.

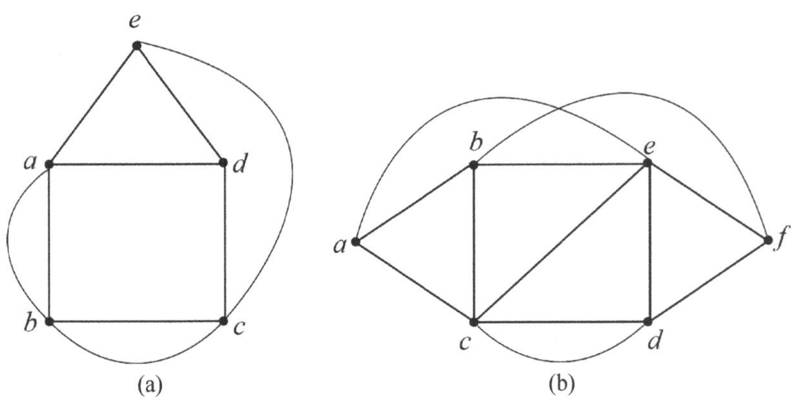


그림 6.11

**풀이** (a)에서 홀수 차수를 갖는 정점은 d와 e, 2개이므로 오일러 경로가 존재하고, (b)는 홀수 차수를 갖는 정점이 a, c, e, f 4개이므로 오일러 경로가 존재하지 않는다.

### 6.2.2 해밀턴 그래프

오일러 경로 문제는 다중 그래프에서 모든 연결선을 단 한 번만 지나는 경로를 찾는 것이었다. 그렇다면 모든 정점을 단 한번만 지나는 경로를 찾는 문제는 어떨까? 이 문제는 해밀턴 경로로 알려져 있는데, 아일랜드의 수학자 해밀턴(William Rowan Hamilton)은 1857년 12면체 입체도형의 20개의 정점에 도시 이름을 준 다음, 한 도시에서 출발하여 주어진 길을 따라 각 도시를 한 번씩만 방문하고 다시 출발 도시로 돌아오는 퍼즐을 제시하였다. 그림 6.12(a)는 12면체 해밀턴 퍼즐이고, 그림 6.12(b)는 정점과 연결선으로 구성된 이 12면체와 동형 그래프(6.4절 참조)이다. 각 방문하는 정점의 순서가 해밀턴 경로가 된다. 그림 6.12(c)는 각 도시(정점)를 한번만 방문하는 이 퍼즐의 답을 보여주고 있다.

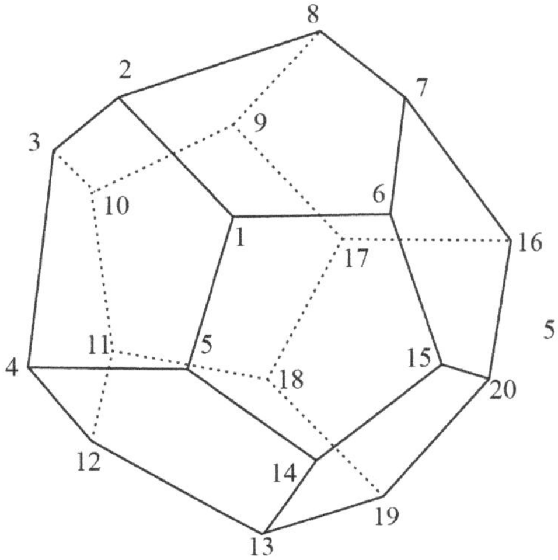


(a) 12면체 해밀턴 퍼즐

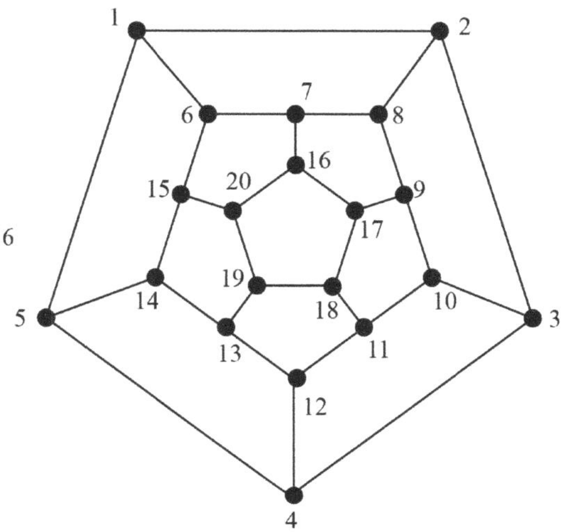


(b) 해밀턴 퍼즐과 동형 그래프

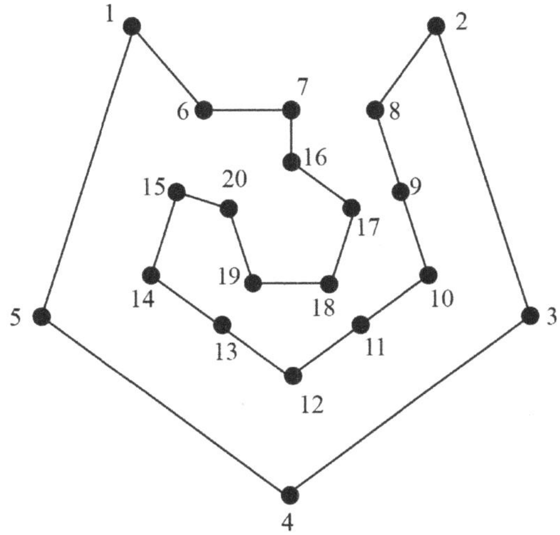


(c) 해밀턴 퍼즐의 해

그림 6.12 ▸ 해밀턴 순환 퍼즐

**정의 6.13 해밀턴 경로, 해밀턴 순환, 해밀턴 그래프**

그래프에서 모든 정점을 한 번씩만 방문하는 경로를 **해밀턴 경로**(Hamiltonian path)라고 한다. 그래프에서 정점을 한 번씩만 방문하고 다시 출발 정점으로 돌아오는 순환을 **해밀턴 순환**(Hamiltonian cycle 또는 Hamiltonian circuit)이라고 하며, 해밀턴 순환이 존재하는 그래프를 **해밀턴 그래프**(Hamiltonian graph)라고 한다.

이 문제의 대표적인 응용문제는 잘 알려진 **순회 방문 판매원 문제**(traveling salesperson problem)이다. 도시들과 두 도시 사이의 비용(거리 또는 소요경비)이 주어져 있을 때, 한 방문 판매원이 어느 한 도시에서 출발하여 모든 도시를 한 번씩만 방문하고 원래 도시로 돌아오는 최소 비용 순환을 찾는 문제이다.

주어진 그래프에서 해밀턴 경로나 순환을 찾는 문제는 도시의 수가 늘어남에 따라 경우의 수는 엄청나게 늘어나서 아직 일반적인 해결 알고리즘이 존재하지 않는다.

**예제 6.5** 그림 6.13의 그래프들이 해밀턴 경로나 순환을 갖는지 확인해 보자.

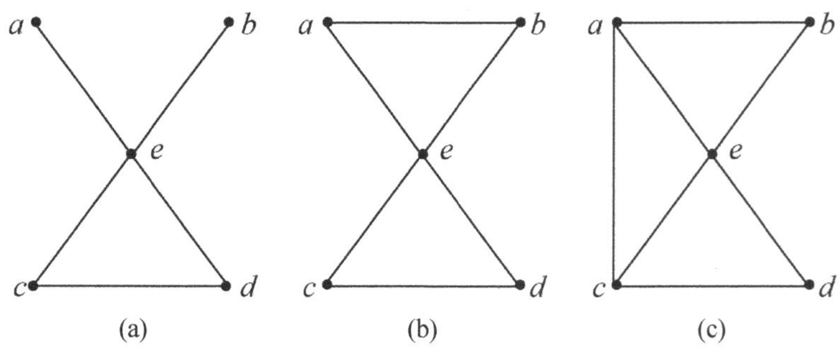


그림 6.13

**풀이** 6.13(a)에는 해밀턴 경로와 순환 모두 존재하지 않는다. (b)는 해밀턴 경로는 가지나 순환은 갖지 않는다. (c)는 모두 갖는다.

## 6.3 여러 가지 그래프

다양한 형태의 그래프들이 정의되어 있으며, 그들의 특성에 따라서 다양하게 실제 문제에 응용되고 있다.

**정의 6.14 동형 그래프**

임의의 두 그래프 $G_1=(V_1, E_1)$, $G_2=(V_2, E_2)$에 대하여 다음 조건을 만족하는 전단사 함수(일대일 대응 함수) f가 존재하면 $G_1$과 $G_2$는 **동형 그래프**(isomorphic graph)라고 한다.

$$\text{함수 } f : V_1 \rightarrow V_2,$$
$$(x, y) \in E_1 \text{ if and only if } (f(x), f(y)) \in E_2$$

**예제 6.6** 그림 6.14의 두 그래프가 동형인지 확인해 보자.

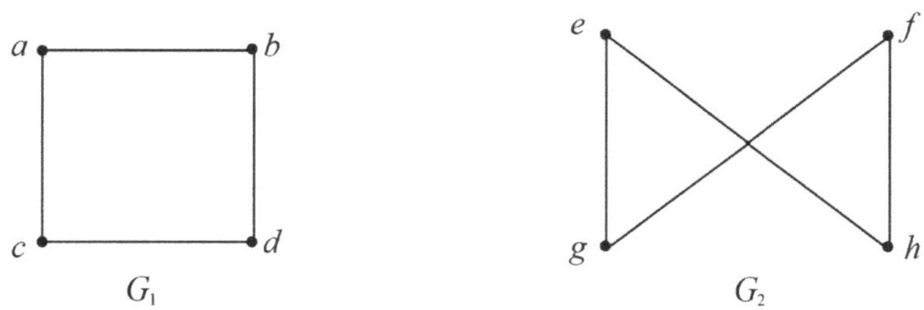


그림 6.14 ▶ 동형 그래프

풀이 두 그래프를 $G_1=(V_1, E_1)$, $G_2=(V_2, E_2)$라고 하면, $V_1=\{a, b, c, d\}$, $V_2=\{e, f, g, h\}$이다. 다음과 같이 두 그래프의 연결선 사이의 관계를 만족하는 전단사함수 f가 존재하므로 $G_1$과 $G_2$는 동형이다.

$f(a)=e,\ f(b)=h,\ f(c)=g,\ f(d)=f$

$(a,b) \rightarrow (e,h),\ (b,d) \rightarrow (h,f),\ (d,c) \rightarrow (f,g),\ (c,a) \rightarrow (g,e)$

**예제 6.7** 그림 6.15와 그림 6.16의 두 그래프들이 동형임을 확인하라.

풀이 예제 6.6과 같은 방법으로 확인할 수 있다.

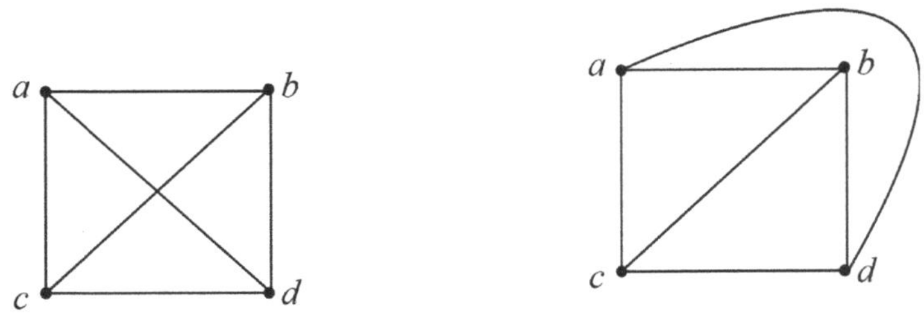


그림 6.15 ▸ 동형 그래프

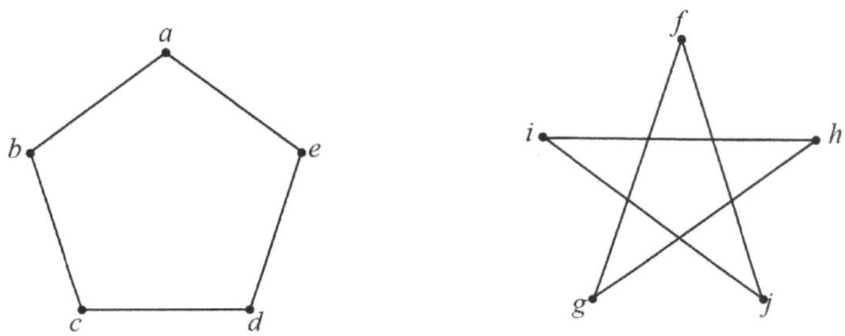


그림 6.16 ▸ 동형 그래프

**예제 6.8** 그림 6.17의 그래프들도 동형임을 확인해 보자.

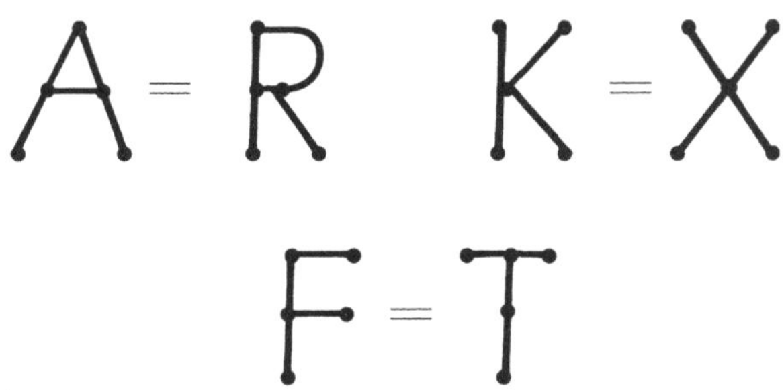


그림 6.17 ▸ 동형 그래프들

**풀이** A와 R, K와 X, F와 T는 정점들의 위치와 연결선의 길이나 모양이 다르지만 동형 그래프들이다.

**정의 6.15 완전 그래프**

그래프 G가 모든 정점들 사이에 연결선이 존재하면 G를 **완전 그래프**(complete graph)라고 한다. n개의 정점을 가진 완전 그래프를 $\mathbf{K_n}$으로 표시한다.

그림 6.18은 완전 그래프들이다.

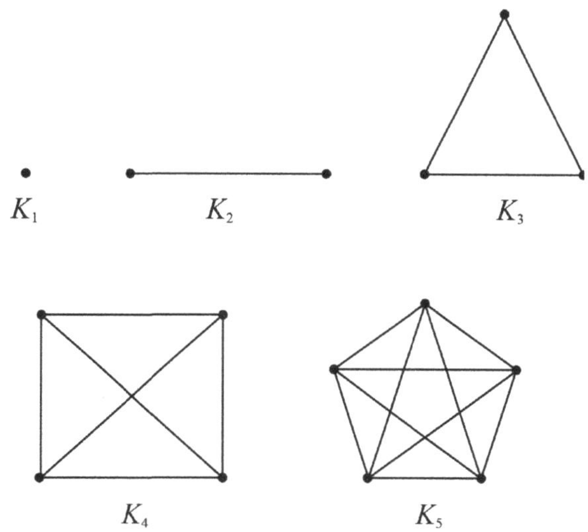


그림 6.18 ▸ 완전 그래프

**정리 6.4**

n개의 정점을 갖는 완전 그래프의 연결선의 개수는 $\frac{n(n-1)}{2}$개다.

**예제 6.9** $K_6$의 연결선의 개수를 구해보자.

풀이 $\frac{6 \times 5}{2} = 15$ 개다.

**정의 6.16 정규 그래프**

그래프 G의 모든 정점들이 같은 차수를 갖는다면 G를 **정규 그래프**(regular graph)라고 한다. 이 때 차수가 k이면 **k차 정규 그래프**(k−regular graph)라고 한다.

그림 6.19는 정규그래프들의 예이다.

(a) 0차 정규 (b) 1차 정규

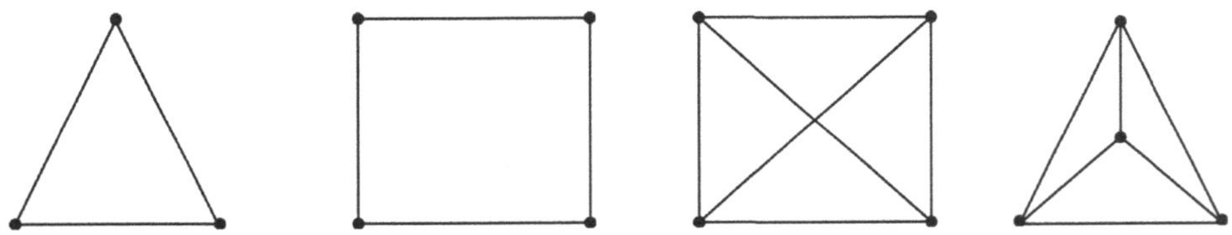

(c) 2차 정규 (d) 3차 정규

그림 6.19 ▸ 정규 그래프

**정리 6.5**

$K_n$ 완전 그래프는 n−1차 정규 그래프이다.

**정의 6.17 이분 그래프, 완전 이분 그래프**

그래프 G=(V, E)의 V가 $X \cap Y = \emptyset$ 인 두 부분 집합 X와 Y로 나누어지고 각 연결선이 $x \in X$, $y \in Y$의 쌍으로 이루어지면 G를 **이분 그래프**(bipartite graph)라고 한다. 또한 X의 모든 정점과 Y의 모든 정점들 사이에 연결선이 존재하면 G를 **완전 이분 그래프**(complete bipartite graph)라고 하며 $K_{m,n}$으로 표시한다(m과 n은 각각 X와 Y의 정점의 개수).

그림 6.20(a), (b), (c)는 모두 이분 그래프이다. 6.20(b)는 완전 이분 그래프인 $K_{2,3}$이기

도 하다. 왜냐하면 이 그래프의 5개 정점들은 왼쪽 2개, 오른쪽 3개의 두 부분으로 나누어지며, 두 부분의 모든 정점들 사이에 연결선이 존재하기 때문이다. 그림 6.20(c)는 완전 이분 그래프 $K_{3,3}$이다.

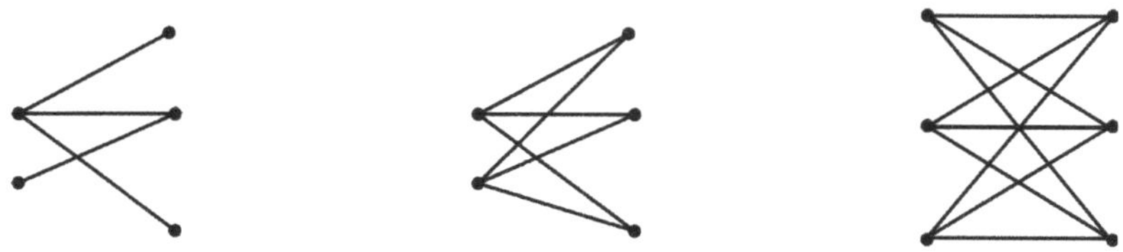

(a) (b) (c)

그림 6.20 ▸ 이분 그래프

**정리 6.6**

$K_{m,n}$인 완전 이분 그래프의 연결선의 개수는 m×n이다.

**정의 6.18 평면 그래프**

평면상에서 어떠한 연결선도 교차하지 않도록 그릴 수 있는 그래프를 **평면 그래프**(planar graph)라고 한다.

**예제 6.10** 그림 6.21은 평면 그래프의 예를 보여준다. 연결선 (a, d)를 오른쪽 그림처럼 교차하지 않도록 그릴 수 있으므로 왼쪽 그래프는 평면 그래프이다.

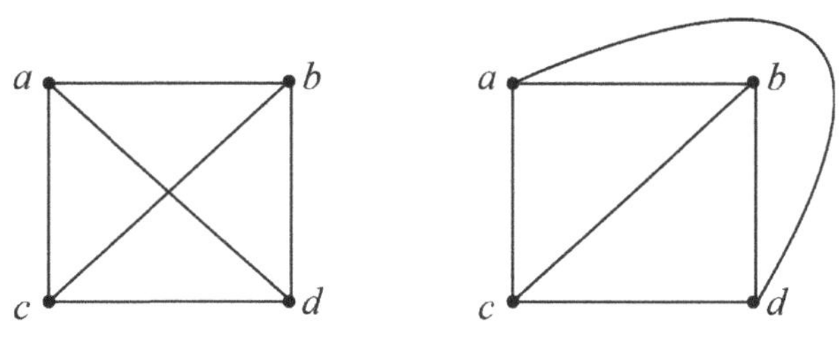


그림 6.21 ▸ 평면 그래프

그림 6.16의 오른쪽 그래프와 그림 6.18의 완전 그래프 $K_5$, 그리고 그림 6.20(c) 이분 그래프 $K_{3,3}$이 평면 그래프인지 확인해 보자. 별 모양의 그림 6.16의 그래프는 연결선이 전혀 교차하지 않도록 그릴 수 있으므로 평면 그래프이다. 다시 말하면, 이 그래프는 동형인 평면 그래프가 존재하므로 평면 그래프라고 할 수 있다. 하지만 $K_5$와 $K_{3,3}$은 아무리해도 연결선이 교차하지 않도록 그릴 수 없으므로 평면 그래프가 아니다.(각자 확인해 보자.) 그림 6.22의 (a)와 (b)는 위상적으로 동형인 3개의 그래프를 각각 보여주고 있다. **위상 기하학(topology)**에서의 그래프는 정점의 위치나 연결선의 길이는 의미를 갖지 않으며, 그들의 상대적인 위치나 형태에만 중점을 둔다.

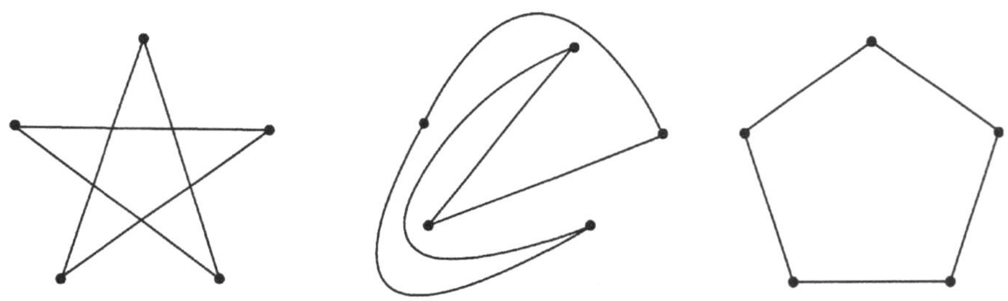

(a)

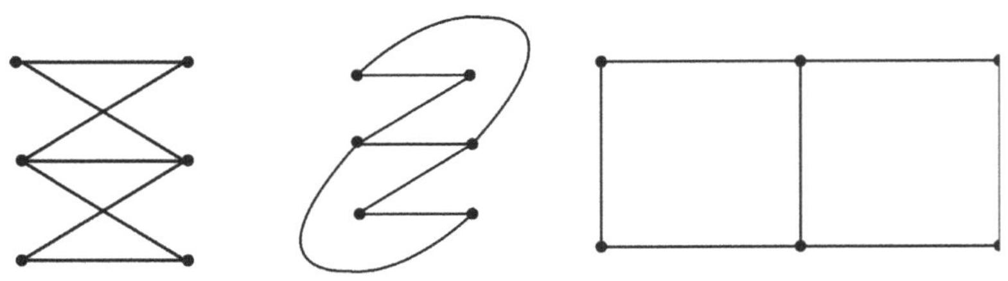

(b)

그림 6.22 ▸ 위상적으로 동형인 그래프들

**정리 6.7**

**오일러의 공식(Euler's formula)**

그래프 G가 연결된 평면 그래프라고 하자. 정점의 수를 v, 연결선의 수를 e, G에 의하여 평면상에 만들어지는 구역의 수를 r이라고 하면 다음 공식이 성립한다.

$$r = e - v + 2$$

**예제 6.11** 그림 6.21의 그래프에서 r = 4, e = 6, v = 4이므로, 4 = 6 − 4 + 2가 성립함을 알 수 있다.

## 6.4 그래프의 표현

지금까지 그래프를 표현할 때 정점은 원이나 점, 연결선은 직선이나 곡선을 이용하여 나타냈다. 이 방법은 우리 인간들이 이해하기는 쉬운 시각적 방법이긴 하지만 컴퓨터가 이해할 수 있는 구조는 아니다. 그래프를 컴퓨터에 표현하기 위한 방법으로는 인접 행렬과 인접 리스트가 주로 사용된다.

### (1) 인접 행렬

인접 행렬(adjacency matrix)은 그래프를 구성하는 두 정점들 간의 연결선의 존재여부를 나타내는 방법이다. 그래프 G=(V, E)가 n개의 정점을 갖는다면 G의 인접 행렬은 $n \times n$ 행렬이다. 이 인접 행렬을 A라고 할 때 A의 원소는 다음과 같이 정의된다.

$$a_{ij} = \begin{cases} 1 & (v_i, v_j) \in E \\ 0 & otherwise \end{cases}$$

즉, 정점 $v_i$와 $v_j$에 연결선이 있으면 1, 연결선이 없으면 0으로 나타낸다.

그림 6.23은 그래프 G와 그 인접행렬이다.

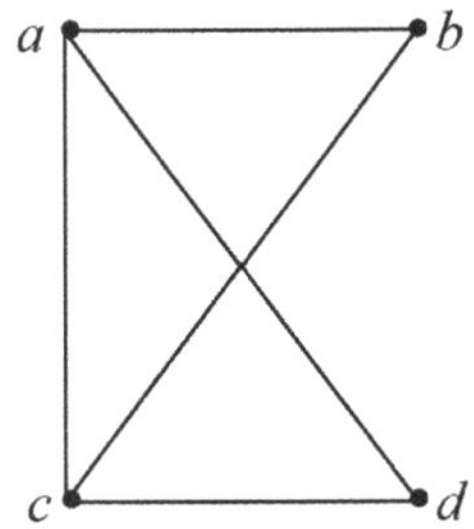


그래프 G

|   | a | b | c | d |
|---|---|---|---|---|
| a | 0 | 1 | 1 | 1 |
| b | 1 | 0 | 1 | 0 |
| c | 1 | 1 | 0 | 1 |
| d | 1 | 0 | 1 | 0 |

G의 인접행렬

그림 6.23 ▸ 인접행렬

### (2) 인접 리스트

인접 리스트(adjacency list)에서는 인접행렬의 n행들의 값을 n개의 연결 리스트(linked list)로 나타낸다. 이 방식은 각 정점에 인접한 정점들을 순서와 상관없이 열거한다. 그림 6.24는 6.23의 그래프 G를 인접 리스트로 나타낸 것이다.

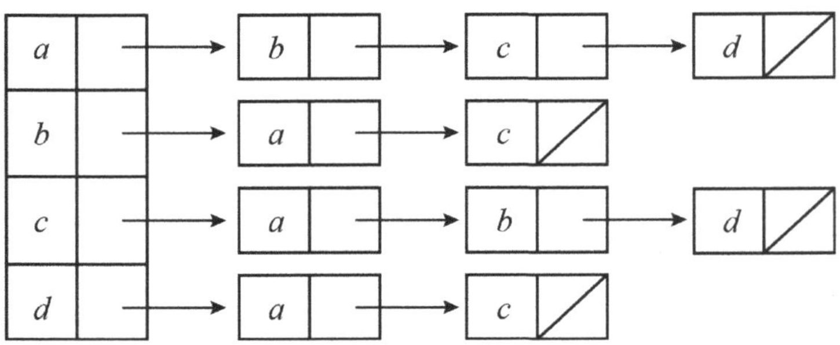


그림 6.24 ▸ 인접 리스트

## 6.5 그래프 탐방

그래프를 구성하고 있는 정점들이 갖고 있는 데이터를 효과적으로 하나씩 찾아보는 방법은 많은 그래프 응용 분야에서 매우 중요하다. 이처럼 그래프의 모든 정점들을 한 번씩 방문하는 것을 **그래프 탐방**(graph traversal)이라고 한다. 일반적으로 알려진 그래프 탐방 알고리즘에는 깊이 우선 탐색과 너비 우선 탐색이 있다.

### (1) 깊이 우선 탐색

깊이 우선 탐색(DFS, depth first search)은 시작하는 정점에서 출발해서 인접한 정점 중에서 아직 방문하지 않은 정점을 계속 찾아 방문하는 방법이다. 선택할 정점이 여러 개일 때는 어느 것을 먼저 방문해도 상관없다. (실질적으로는 인접한 정점들이 배열이나 리스트에  들어 있는 순서에 따라서 결정된다.) 방문 과정 중에 인접한 모든 정점이 이미 탐색을 마친 경우에는 가장 최근에 방문했던 정점으로 되돌아가서 위 과정을 반복한다. 모든 정점들의 방문이 끝나면 탐색을 종료한다. [알고리즘 6.1]은 재귀적으로 구현된 DFS 알고리즘이다. G는 n개의 정점을 갖는 그래프이고 방문했음을 나타내는 배열 visited[n]은 모두 FALSE로 초기화 되어있다고 가정한다.

[알고리즘 6.1] DFS 알고리즘

```
void dfs(int v) {
/* 정점 v로부터 도달 가능한 모든 정점들을 방문한다. */
  int w;
  visited[v] = TRUE;
  for(each vertex w adjacent to v)
     if(!visited[w]) dfs(w);
}
```

그림 6.25의 그래프 G에서 DFS의 결과는 그림 6.26과 같으며 탐색은 a,b,d,h,e,f,c,g의 순서로 이루어진다. 여기서는 편의상 선택할 정점이 여러 개인 경우 알파벳 순서로 작은 정점부터 방문한다고 가정하였다.

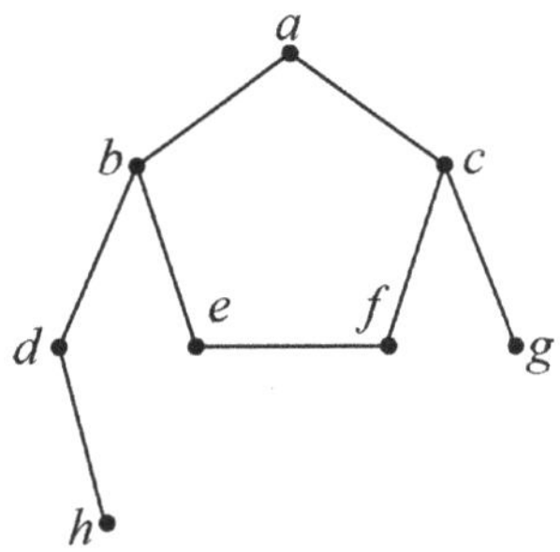

그림 6.25 ▸ 그래프 G

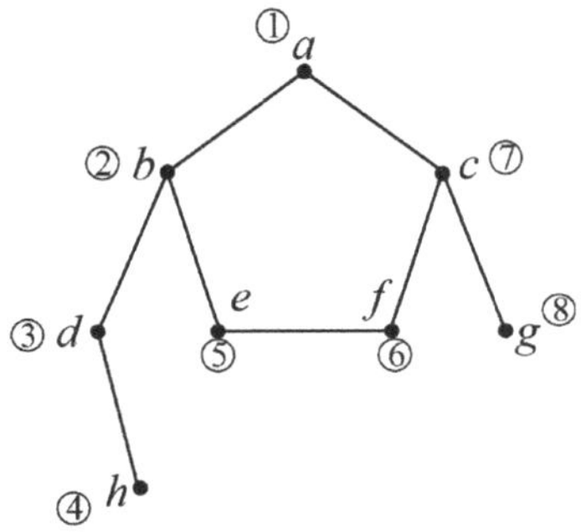

그림 6.26 ▸ DFS의 결과

## (2) 너비 우선 탐색

너비 우선 탐색(BFS, breadth first search)은 시작하는 정점의 인접한 정점들을 모두 방문한 뒤에 이 정점들에 인접한 정점들을 차례로 방문하는 방법이다. 인접 정점들 중 더 이상 방문할 정점이 없으면 인접한 정점들 가운데 가장 처음으로 방문한 정점과 인접한 정점들을 차례로 방문한다. 이 과정을 반복하여 모든 정점들의 방문이 끝나면 탐색을 종료한다.

그림 6.25의 그래프 G에서 BFS의 결과는 그림 6.27과 같으며 탐색은 a,b,c,d,e,f,g,h 순서로 이루어진다.

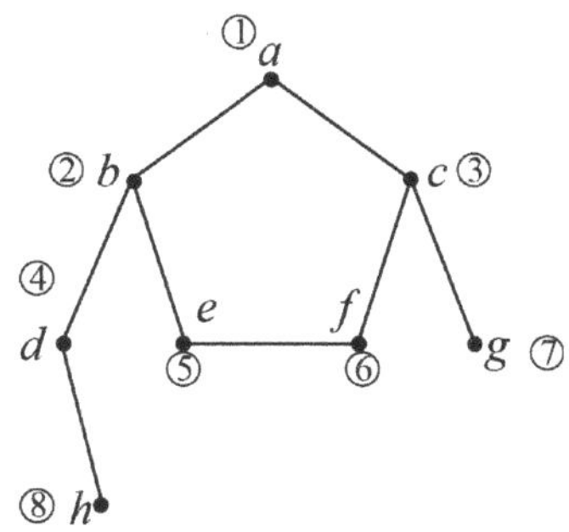


그림 6.27 ▸ BFS의 결과

깊이 우선 탐색은 프로그램 상에서 재귀법을 이용하면 쉽게 구현할 수 있으며, 스택(stack)을 사용해서도 구현 가능하다. 반면에 너비 우선 탐색은 큐(queue)를 사용한다.

## 6.6 흥미로운 그래프의 문제들

이 절에서는 현실 문제에 유용하게 적용될 수 있는 몇 가지 흥미로운 그래프의 문제들을 다뤄본다.

### (1) 최단 경로 찾기

통신망이나 버스, 지하철 등의 교통망과 같은 네트워크를 그래프로 모델링할 경우 가장 중요한 과제 중 하나는 두 지점을 연결하는 최단 경로를 찾는 문제일 것이다. 두 스위치 노드 또는 지하철역이나 버스 정류장은 그래프에서 정점으로 표현되며, 이 두 정점이 연결되어 있다면 적어도 하나 이상의 경로가 존재할 것이다. 이러한 경로 중 가장 짧은 또는 비용이 적게 드는 경로를 찾는 것이 그래프에서 최단 경로 찾기 문제이다.

통신망이나 교통망 외에도 여러 가지 재미있는 문제나 게임들이 있는데, 다음은 그 중 하나인 Kevin Bacon 게임이다.

**– Kevin Bacon 게임 –**

미국 영화배우 중 가장 많이 영화에 출연한 배우로 알려진 Kevin Bacon과 임의의 배우 사이의 '출연' 관계를 통한 거리를 계산하는 재미있는 게임 사이트가 있다. 이 게임은 그래프로 모델링 될 수 있는데, 정점은 배우가 되고 같은 영화에 출연한 경우 두 정점 사이에 연결선이 존재한다. 이러한 그래프가 주어졌을 때, 임의의 배우와 Kevin Bacon 사이의 최단 거리(또는 경로)를 찾는 게임이다. 아직 적은 수의 영화에만 출연한 신인배우의 경우는 거리가 무척 멀 것이다.

**정의 6.19 가중 그래프**

그래프 G의 연결선에 0보다 큰 수가 할당되었을 때, 이 값을 **가중값**(weight)이라고 하며, 이러한 그래프를 **가중 그래프**(weighted graph 또는 labeled graph)라고 한다.

이 가중값은 통신망의 경우 거리, 대역폭 또는 전송속도 등이 될 수 있고, 버스 등 교통망일 경우에는 소요거리, 소요시간 또는 요금 등이 될 수 있다.

이 절에서는 가장 많이 알려진 최단 경로 찾기 알고리즘인 **다익스트라 알고리즘**(Dijkstra algorithm)에 대하여 간단히 알아본다. 일반적으로 최단 거리 찾기 문제는 방향 그래프와 비방향 그래프에 모두 적용된다. 비방향 그래프의 경우는 두 정점의 연결선이 양방향으로 간주된다.

그림 6.28에 주어진 가중 방향 그래프에서 연결선의 값이 두 점 사이의 거리를 나타내고 $v_0$가 출발점일 때, $v_0$에서 $v_1$까지의 최단경로는 $v_0v_2v_3v_1$이고 최단 거리는 10+15+20=45가 된다. 이 경로의 길이는 3으로 경로 $v_0v_1$(비용은 50)보다 길지만 비용은 더 저렴하다. 그림 6.29는 $v_0$에서 각각의 정점으로 가는 최단 경로와 거리를 나타낸다.

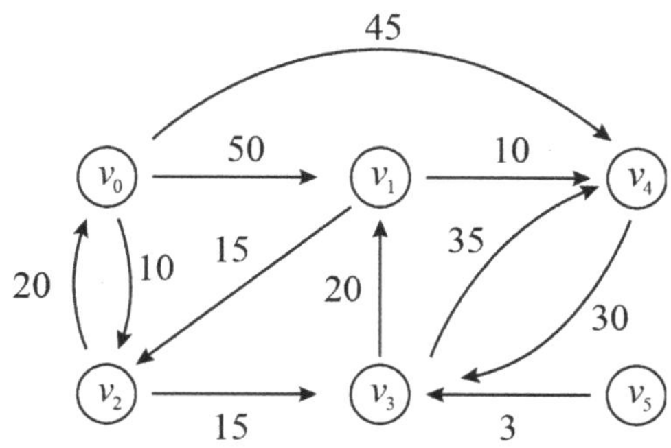



그림 6.28 ▸ 가중 방향 그래프

| | | |
|---|---|---|
| (1) | $v_0v_2v_3v_1$ | 45 |
| (2) | $v_0v_2$ | 10 |
| (3) | $v_0v_2v_3$ | 25 |
| (4) | $v_0v_4$ | 45 |

그림 6.29 ▸ $v_0$에서의 최단경로와 거리

다익스트라 알고리즘은 [알고리즘 6.2]에 나타나 있는데, 주어진 출발점으로부터 모든 정점으로의 최단 거리를 계산한다. 주어진 방향 그래프 G=(V, E)에서 v={1, 2, ..., n}이고 정점 1이 출발점이다. 정점 i에서 j로 가는 거리를 배열 C[i,j]로 나타내는데 만약 i에서 j로 가는 경로가 없다면 거리는 ∞가 된다. 배열 D[i]는 출발 정점에서 현재 정점 i에 이르는 가장 짧은 거리를 나타낸다.

[알고리즘 6.2] 다익스트라 알고리즘

```
void Dijkstra() {
  S ={1};
  for(i=2; i <= n; i++)
     D[i] = C[1, i];  /* D값의 초기화, 정점1에서 i까지의 비용 */
  for(i=1; i <= n-1; i++) {
     choose a vertex w in V-S such that
        D[w] is a minimum;
```

```
        add w to S;
        for(each vertex v in V-S)
          D[v] = min(D[v], D[w] + C[w, v]);
      }
    }
```

### (2) 그래프 채색

도화지에 선으로 구역을 표시해 놓고 각 구역들이 구분되도록 색으로 칠하는 놀이를 상상해 보자. 당연히 구역을 구분하기 위해서는 구역마다 다른 색으로 칠해야 한다. 이 경우 색을 최소로 사용하여 그리는 문제가 주어졌다면 어떻게 풀 수 있을까?

**정의 6.20 그래프 채색 문제**

**그래프 채색 문제**(graph coloring problem)는 어떻게 하면 인접하고 있는 정점들은 서로 다른 색을 갖도록 하면서 그래프의 모든 정점에 색을 칠할 수 있는가의 문제이다. 이렇게 칠하기 위한 최소한의 색의 수를 그래프 G의 **색상수**(chromatic number)라고 하고, $\chi(G)$로 표시한다.

그림 6.30(a)의 도화지에 색을 칠한다고 생각해 보자. 최소 몇 개의 색으로 칠 할 수 있을까? 그림 6.30(b)에서 보듯이 구역 A와 E는 완전히 분리되어 있으므로 같은 색으로 칠해도 된다. 따라서 4가지 색이면 충분히 이 도화지를 채색할 수 있음을 알 수 있다.

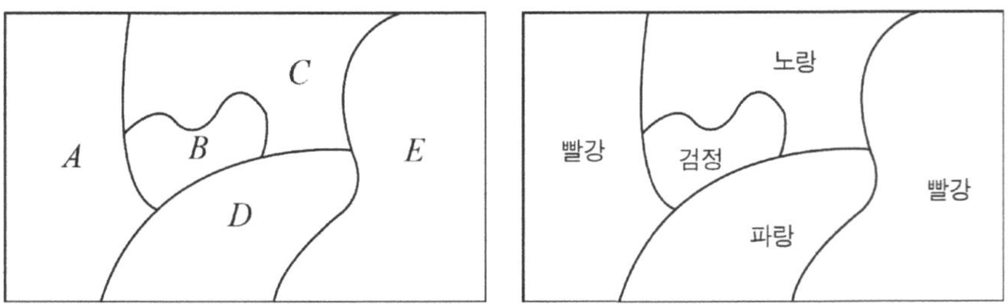


(a) 도화지 (b) 채색결과

그림 6.30

그림 6.31은 그림 6.30의 문제를 그래프로 모델링한 것이다. 정점은 도화지의 구역들이고, 인접한 구역들은 연결선으로 연결된다.

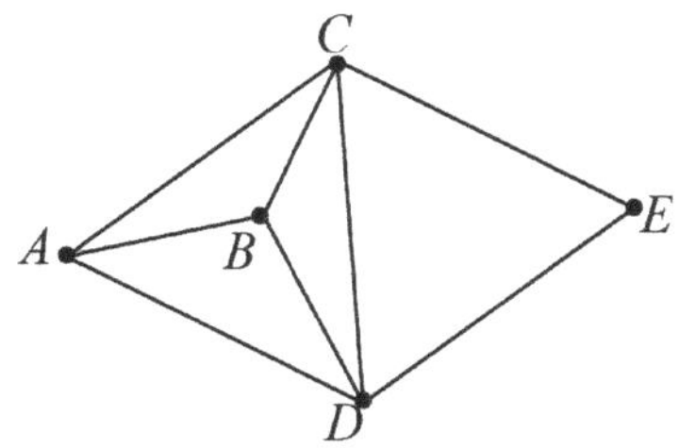


그림 6.31 ▸ 그림 6.30의 그래프 모델

**정리 6.8**

그래프 G에 대한 다음 3가지 명제는 서로 동치이다.
(1) G는 이분 그래프이다.
(2) $\chi(G)=2$이다.
(3) G의 모든 순환(cycle)의 길이는 짝수이다.

6.3절의 그림 6.22(b)를 통하여 위 정리를 확인해보자. 주어진 이분 그래프는 6개의 정점이 각각 3개씩 이분되어 있고 각 부분에 있는 정점끼리는 연결선이 없으므로 그림 6.32(a)처럼 2가지 색이면 충분히 채색가능하다(R은 red, Y는 yellow 색이다). 그림 6.32(b)는 그림 6.32(a)와 동형인 그래프에 같은 방법을 채색한 결과다. 그림 6.32(c)는 주어진 그래프에 해당하는 실제 도화지의 채색결과를 보여주고 있다. 즉 $\chi(G)=2$이며, 이 이분 그래프의 모든 순환은 길이가 짝수임도 알 수 있다.

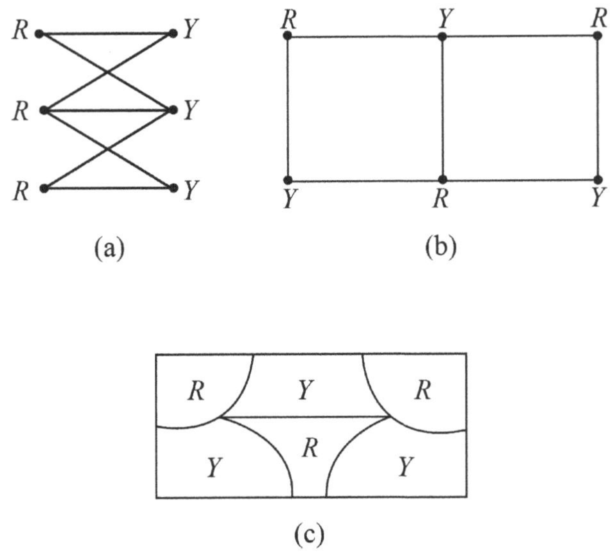


그림 6.32 ▸ 이분 그래프와 실제 도화지의 예

다음 그림 6.33의 완전 그래프의 경우를 생각해 보자. $\chi(K_4)$는 얼마일까? 완전 그래프는 모든 정점들이 다른 모든 정점들과 연결되어 있으므로 답은 4이다. 4가지 보다 적은 색으로는 칠할 수 없다. $K_4$는 평면 그래프이며 그림 6.33 오른쪽에 있는 도화지의 그래프 모델임을 잊지 말자.

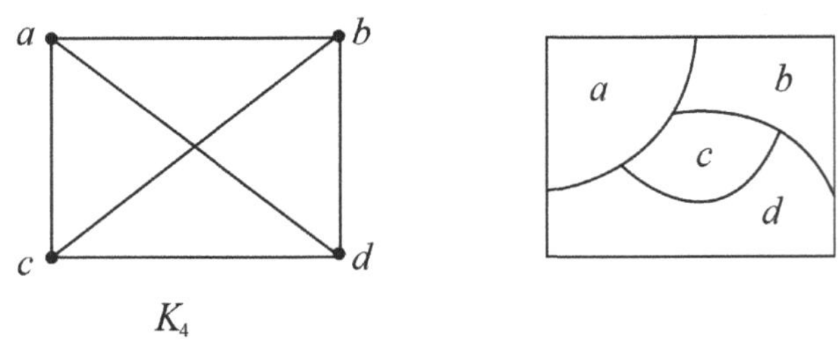


그림 6.33 ▸ 완전 그래프 $K_4$와 실제 도화지의 예

**정리 6.9**

완전 그래프 $K_n$의 색상 수 $\chi(K_n)=n$이다.

완전 그래프 $K_n$의 색상 수가 n이므로 임의의 그래프를 채색하는 데 필요한 색상 수에는 제한이 없다. 하지만 평면 그래프의 경우에는 정점 수와 상관없이 4가지 색이면 충분하다. 도화지 채색 문제는 평면 그래프 채색 문제와 대응하므로 도화지 채색도 4가지 색으로 충분하다. 다음 정리는 비교적 최근에 증명되었으며, 그 전까지 5가지 색이 필요한 지도를 만들어 보려는 많은 시도가 있었으나 모두 실패였다.

**정리 6.10**

**4색 정리(four color theorem)**
평면 그래프의 색상 수는 4보다 크지 않다. 즉 $\chi(G) \leq 4$이다.

그래프 채색 문제의 응용 분야는 매우 다양하다. 다음과 같은 예들이 있다. 가까이 두면 폭발할 위험이 있는 화공 약품들의 폭발을 막기 위하여 약품들 사이에 칸막이를 두려고 하는 경우, 칸막이 수를 최소화 하는 방법을 찾는 문제가 대표적인 예이다. 또, 대학에서 시험과목 시간을 정하는 문제가 있는데, 동일한 학생이 수강하는 과목은 같은 시간에 배정해서는 안 되므로, 이 문제도 인접한 정점(이 경우는 과목)들이 다른 색을 가져야 하는 그래프 채색 문제가 된다.

# 연습문제

제6장_ 그래프

1. 그래프 G는 다음과 같다.

$G=(V, E)$
$V=v_1, v_2, v_3, v_4, v_5$
$E=\{(v_1, v_2), (v_1, v_5), (v_2, v_3), (v_2, v_4), (v_2, v_5), (v_3, v_4), (v_4, v_5)\}$

(1) 그래프 G를 그려라.

(2) 각 정점의 차수를 구하고 모든 차수의 합이 $2|E|$임을 확인하라.

(3) 두 정점 $v_1$과 $v_3$를 연결하는 길이가 4인 경로들을 구하라.(정점들의 연속으로 나타내라.)

(4) 정점 $v_1$과 $v_3$ 사이의 거리를 구하라.

(5) 그래프 G의 직경을 구하라.

(6) 경로 $(v_1, v_2, v_3, v_4, v_2, v_5)$는 단순 경로인가? 기본 경로인가?

(7) 경로 $(v_1, v_2, v_3, v_4, v_2, v_5, v_1)$는 단순 순환인가? 기본 순환인가?

2. 다음 그래프들이 오일러 경로나 순환을 갖는지 판별하라.

(1)

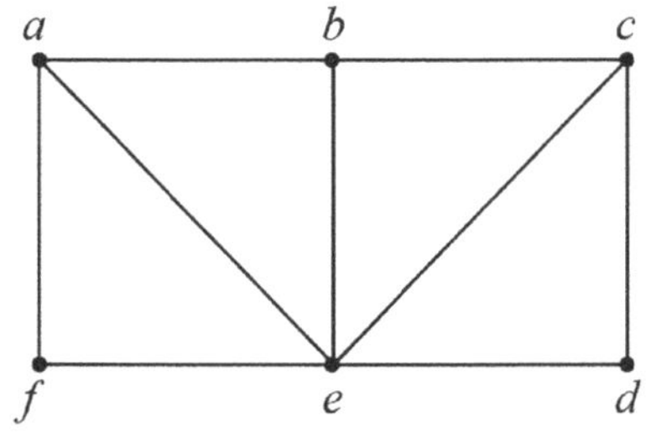


(2)

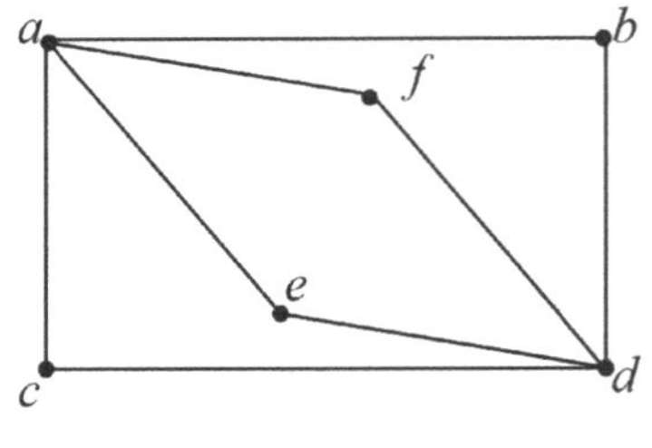

(3)

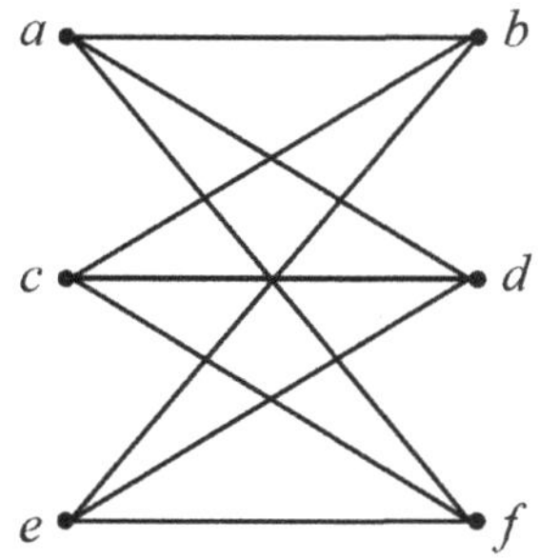


(4)

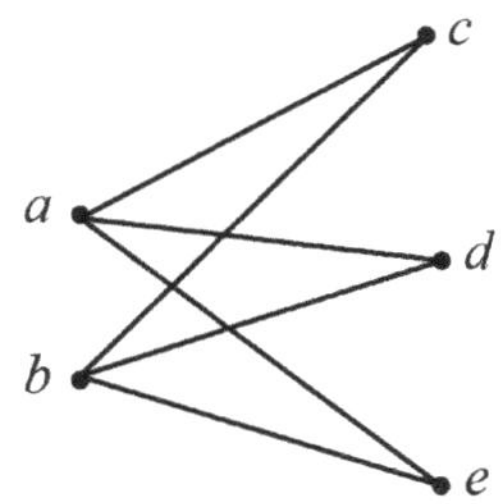


**3.** 문제 2에서 그래프들이 해밀턴 경로나 순환을 갖는지 판별하라.

**4.** 다음 그래프 중 서로 동형인 그래프를 찾아라.

(1)

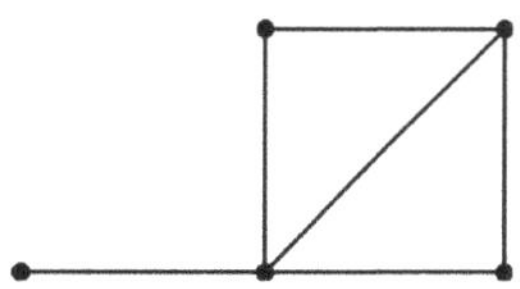

(2)

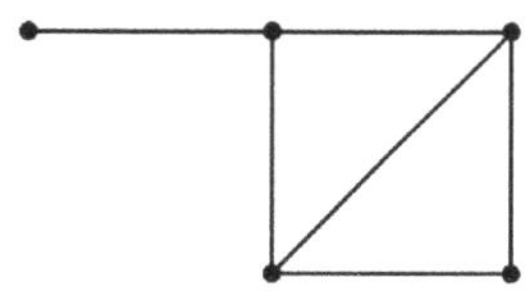

(3)

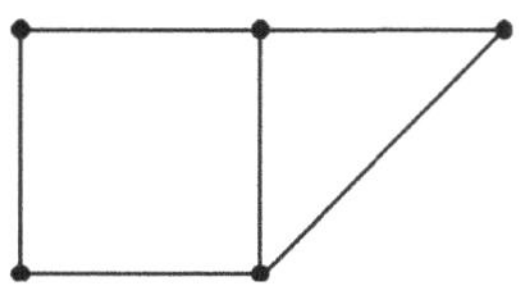

**5.** $K_7$의 연결선의 개수를 구해보자.

**6.** $K_6$ 완전 그래프는 몇 차 정규 그래프인가?

**7.** 6개의 정점을 갖는 3차 정규 그래프 2개를 찾아보라.

8. 8개의 정점을 갖는 3차 정규 그래프 2개를 찾아보라.

9. 7개의 정점을 갖는 3차 정규 그래프 2개를 찾아보라.

10. 다음 그래프 중 평면 그래프는? 평면 그래프라면 오일러의 공식이 성립하는지 확인하라.

(a)

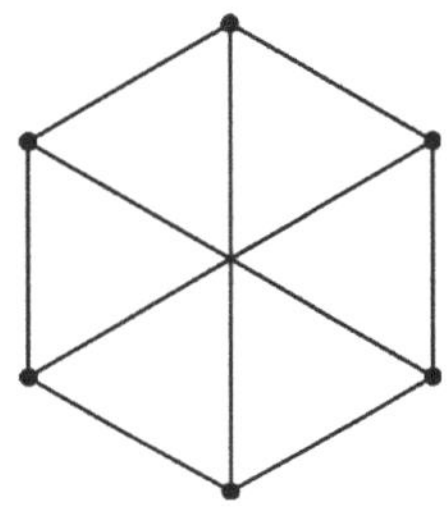

(b)

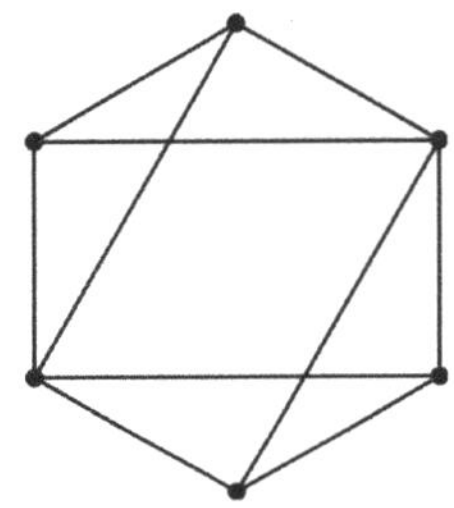

11. 다음의 그래프에 대한 질문에 답하라.

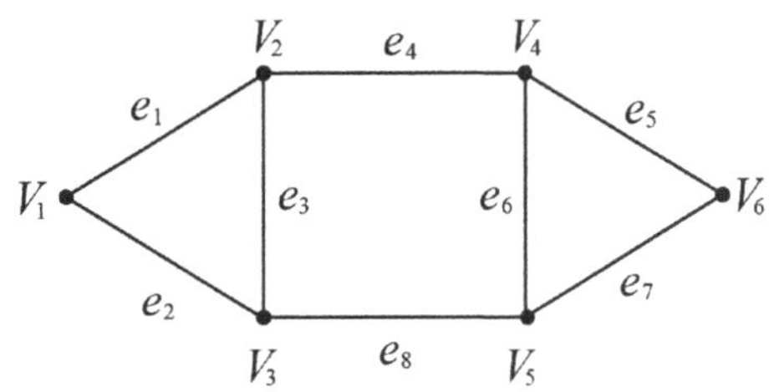


(1) 이 그래프를 인접 행렬로 표현하라.

(2) 이 그래프를 인접 리스트로 표현하라.

12. 다음 그래프를 정점 a부터 깊이 우선 탐색할 경우 방문하는 정점들을 순서대로 적어라. 단 선택할 정점이 여러 개일 때는 알파벳 순서로 작은 것부터 방문한다고 가정한다.

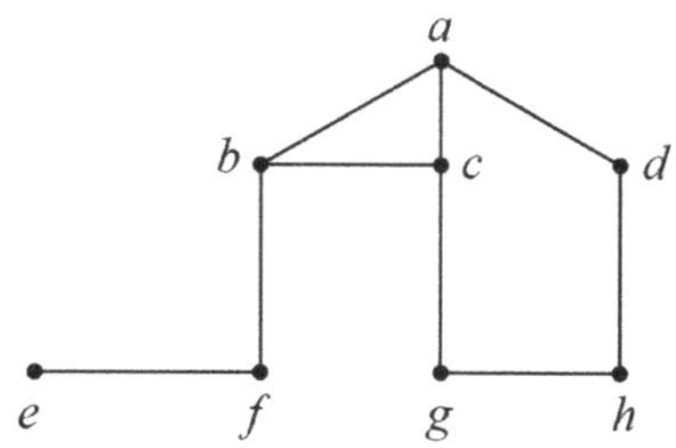


**13.** 문제 12의 그래프를 정점 a부터 너비 우선 탐색할 경우 방문하는 정점들을 순서대로 적어라. 단 선택할 정점이 여러 개일 때는 알파벳 순서로 작은 것부터 방문한다고 가정한다.

**14.** 다음 그래프의 색상수는 얼마인가?

(a)

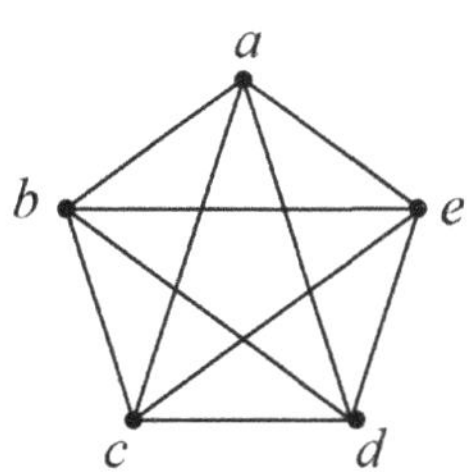


(b)

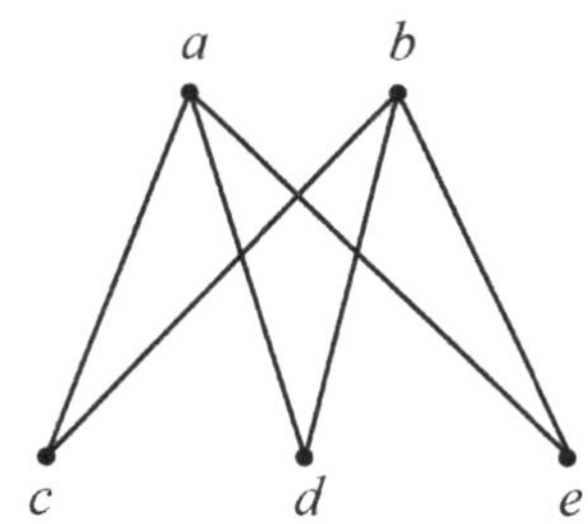

# 제7장

# 트리

이산수학

특별한 형태의 그래프인 트리는 컴퓨터학에서 가장 많이 이용되는 자료구조 중의 하나이다. 그래프가 교통망과 같은 네트워크 형의 자료구조라면 트리는 정점(노드)들 사이에 부모와 자식처럼 상하 관계가 있는 구조로서, 가문의 계보나 생물의 계통도, 언어의 분류도, 컴퓨터 폴더나 파일의 구조와 같은 계층적 형태의 자료구조이다.

## 7.1 트리의 개념

**정의 7.1 트리**

**트리**(tree)는 루트(root)라는 특별한 정점(노드)을 하나 갖는 비순환(acyclic), 연결(connected) 그래프이다.

그림 7.1에서 (a)는 순환을 가지므로 트리가 아니며, (b)와 (c)는 트리이다.

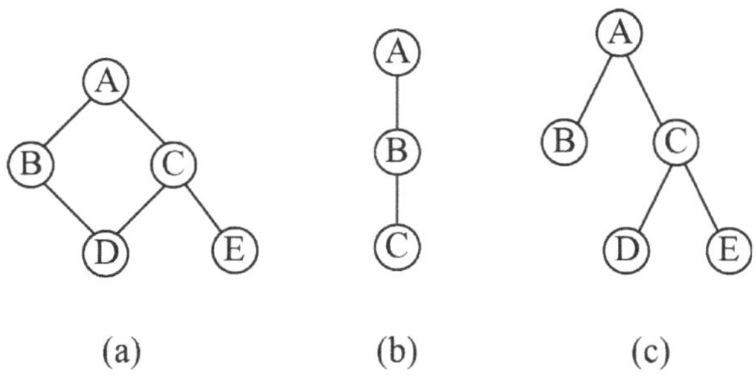


그림 7.1

트리를 구성하는 정점을 **노드**(node)라고 하며, 트리는 일반적으로 실제 나무를 거꾸로 뒤집어 놓은 형태로 그린다. 따라서 가장 상위에 있는 노드가 **루트 노드**(root node)가 되며, 나뭇가지에 해당하는 연결선들을 따라 가장 마지막 말단을 이루는 노드들을 **리프 노드**(leaf node)라고 부른다. 트리에서 루트 노드를 제외하면 나머지 노드들은 다시 각각 트리이면서, 서로 공통된 노드를 갖지 않는 트리들로 나누어지는데 이들을 **서브 트리**(subtree)라고 한다.

그림 7.2에 있는 트리를 예로 들어 트리에서 사용되는 여러 가지 용어들을 살펴본다.

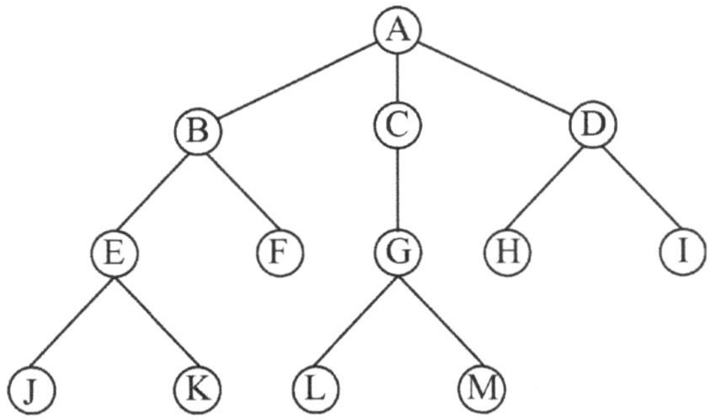


그림 7.2 ▸ 트리의 예

(1) **차수**(degree) : 노드 차수는 하나의 노드가 가지고 있는 서브트리의 개수를 말하며, 이 트리에서 루트 노드 A의 차수는 3, 노드 D의 차수는 2, 노드 L의 차수는 0이다. 또한, **트리의 차수**(degree of tree)는 트리에 있는 노드 차수 중에서 가장 큰 차수를 말한다. 이 트리의 차수는 3이다.

(2) **리프 노드**(leaf node) : 차수가 0인 노드를 말하며 **단말 노드**(terminal node)라고도 한다. 이 트리에서 리프 노드는 J, K, F, L, M, H, I이다.

(3) **내부 노드**(internal node) : 차수가 0이 아닌 노드, 즉 리프가 아닌 노드를 말한다. **비단말 노드**(non-terminal node)라고도 한다. 이 트리에서 내부 노드는 A, B, C, D, E, G이다.

(4) **자식 노드**(children node) : 어떤 노드의 서브트리들의 루트들을 말한다. 노드 A의 자식 노드는 B, C, D이다.

(5) **부모 노드**(parent node) : 서브 트리를 갖는 노드는 그 서브 트리의 루트의 부모 노드이다. 노드 B는 노드 E와 F의 부모 노드이다.

(6) **형제 노드**(sibling node) : 동일한 부모를 갖는 노드들이다. 노드 B, C, D는 형제 노드들이다.

(7) **조상**(ancestor) : 루트로부터 그 노드에 이르는 경로에 나타난 모든 노드들이다. 노드 J의 조상은 E, B, A이다.

(8) **자손**(descendant) : 그 노드로부터 리프에 이르는 경로에 나타난 모든 노드들이

다. 루트 A의 자손은 A를 제외한 모든 노드이며, 노드 B의 자손은 E, F, J, K이다.

(9) **레벨**(level) : 루트에서 시작하여 노드들이 연결되는 단계를 레벨이라고 한다. 루트의 레벨은 0 또는 1로 가정한다(이 책에서는 1로 가정하자). 어떤 노드의 레벨이 m이면 자식 노드의 레벨은 m+1이다. 노드 B의 레벨은 2이고, 노드 K의 레벨은 4이다.

(10) **트리의 높이**(height) : **깊이**(depth)라고도 하며, 트리에서 노드가 가질 수 있는 최대 레벨이다. 이 트리의 깊이는 4이다.

(11) **숲**(forest) : 서로 연결되지 않은 트리들의 집합으로 트리에서 루트를 제거하면 숲이 된다. 그림 7.2에서 루트를 제거하면 3개의 트리를 가진 숲이 된다.

위 트리의 정의로부터 다음 정리를 얻을 수 있다. 루트를 제외한 모든 노드들이 위로 하나의 연결선을 가지므로, 트리의 노드 수가 n이면 연결선의 수는 n−1이다.

**정리 7.1**

n개의 노드를 갖는 트리의 총 연결선의 수는 n−1이다.

## 7.2 이진 트리

**정의 7.2 n−트리와 이진 트리**

모든 노드의 자식수가 최대 n인 트리를 **n−트리**(n−ary tree) 또는 n−항 트리라고 하며, 특히 n이 2인 경우를 **이진 트리**(binary tree)라고 한다.

이진 트리는 일반 트리의 특수한 경우로서, 이진 트리는 노드가 하나도 없는 빈 트리(empty tree)일 수 있다. 즉, 이진 트리는 노드 수가 0일 수 있다. 또한, 일반 트리의 경우 자식들의 순서가 없지만 이진 트리에서는 왼쪽 자식과 오른쪽 자식을 구분한다.

그림 7.3에서 (a)와 (b)는 서로 다른 이진 트리이다.

(a) (b)

그림 7.3 ▸ 서로 다른 이진 트리

그림 7.4는 이진 트리의 특별한 예를 보여주고 있다. 그림 7.4의 (a)는 **사향 이진 트리**(skewed binary tree)라 부르며, 모든 노드가 왼쪽 자식이나 오른쪽 자식만 갖는다. 그림 7.4의 (b)는 **완전 이진 트리**(complete binary tree)로서, 높이가 k일 때 레벨 1부터 k−1까지는 노드가 모두 차 있고, 마지막 레벨 k에서는 왼쪽부터 모두 채워져 있는 이진 트리이다. 그림 7.4의 (c)는 **포화 이진 트리**(full binary tree)로서, 각 레벨마다 노드가 모두 채워져 있는 이진 트리이다.

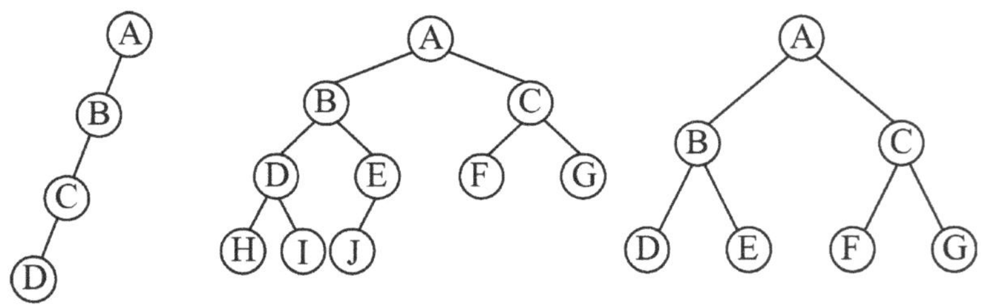

(a) (b) (c)

그림 7.4 ▸ 특수 이진 트리의 예

**정리 7.2**

1) 이진 트리의 각 레벨 i에서의 최대 노드 수는 $2^{i-1}$이다.
2) 높이가 k인 이진 트리가 가질 수 있는 최대 노드 수는 $2^k-1$이다.

위 정리로부터, 높이가 k인 포화 이진 트리는 $2^k-1$개의 노드를 갖는다는 것을 알 수 있다.

**정리 7.3**

이진 트리에서 $n_0$는 리프 노드의 수, $n_2$는 차수가 2인 노드의 수일 때, $n_0 = n_2+1$이 성립한다.

### 7.2.1 이진 트리로의 변환

이진 트리는 많은 응용문제들이 이진 트리로 모델링되어 해결될 수 있고, 구현이 용이하기 때문에 가장 보편적으로 사용된다. 일반적인 n−트리는 다음과 같이 이진 트리로 변환하여 사용할 수 있다. 트리의 한 노드를 $A$라 하고 노드 $A$의 자식 노드들을 $A_1$, $A_2$, ..., $A_k$라 하자. $A_1$을 노드 $A$의 왼쪽 자식으로 연결하고, 그 다음 $A_2$는 $A_1$의 오른쪽 자식, $A_3$는 $A_2$의 오른쪽 자식, ..., $A_k$는 $A_{k-1}$의 오른쪽 자식으로 연결하면 주어진 일반 트리를 이진 트리로 변환할 수 있다. 그림 7.5는 일반 트리를 이진 트리로 변환한 예를 보여주고 있다.

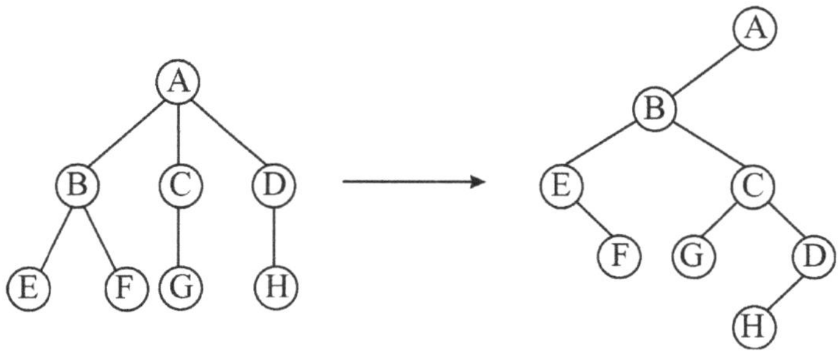


그림 7.5 ▸ 이진트리로의 변화 예

### 7.2.2 이진 트리의 표현

이진 트리를 컴퓨터에서 사용하기 위해서는 적절한 자료 구조로 표현해야하는데, 일반적으로 배열(array)과 연결 리스트(linked list)가 주로 사용된다. 이진 트리를 배열로 표현하는 방법은 여러 가지가 있지만 여기서는 가장 단순한 방법으로 일차원 배열에 표현하는 방법을 살펴본다. 이 방법에서는 이진 트리의 각 레벨에서 가능한 최대 노드 수를 확보해야하므로, 높이가 k인 포화 이진 트리의 경우, 루트로부터 아래 레벨로 내려가면서 각 레벨마다 1, 2, 4, 8,... 개의 공간이 요구되므로 총 $2^k-1$개 공간이 필요하다. 그림 7.6(a)와 (b)는 각각 그림 7.4(a)의 사향 이진 트리와 7.4(c)의 포화 이진 트리를 배열로 표현한 것이다. 그림에서 보듯이 트리를 배열로 표현할 경우, 저장 공간의 낭비가 심하고 트리의 중간에 새로운 노드를 삽입하거나 기존의 노드를 삭제할 경우의 연산이 비효율적이다. 따라서 연결 리스트가 일반적으로 사용된다.

| [1] | [2] | [3] | [4] | [5] | [6] | [7] | [8] | [9] | [10] | [11] | [12] | [13] | [14] | [15] |
|---|---|---|---|---|---|---|---|---|---|---|---|---|---|---|
| A | B | | C | | | | D | | | | | | | |

(a) 사향이진트리 그림 7.4(a)의 배열 표현

| [1] | [2] | [3] | [4] | [5] | [6] | [7] |
|---|---|---|---|---|---|---|
| A | B | C | D | E | F | G |

(b) 포화이진트리 그림 7.4(c)의 배열 표현

그림 7.6 ▸ 배열로 표현한 트리

연결 리스트를 사용할 경우, 각 노드는 데이터를 저장하는 부분(data)과 왼쪽 자식(left child), 오른쪽 자식(right child)을 가리키는 포인터를 저장하는 부분으로 구성된다. 이것을 C언어로 정의하면 그림 7.7과 같다.

| leftchild | data | rightchild |
|---|---|---|

```
typedef struct node *tree-pointer;
typedef struct node {
        int data;
        tree-pointer leftchild;
        tree-pointer rightchild;
};
```

그림 7.7 ▸ 트리 노드의 C언어 표현

그림 7.8(a)와 (b)는 그림 7.4(a)와 (c)를 각각 연결 리스트로 나타낸 것이다.

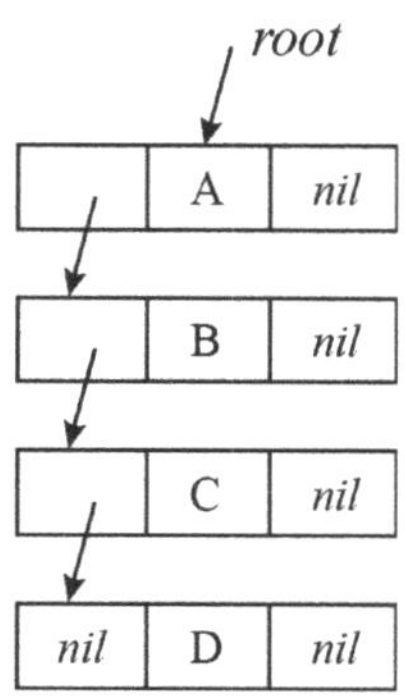


(a) 사향이진트리 그림 7.4(a)의 연결리스트 표현

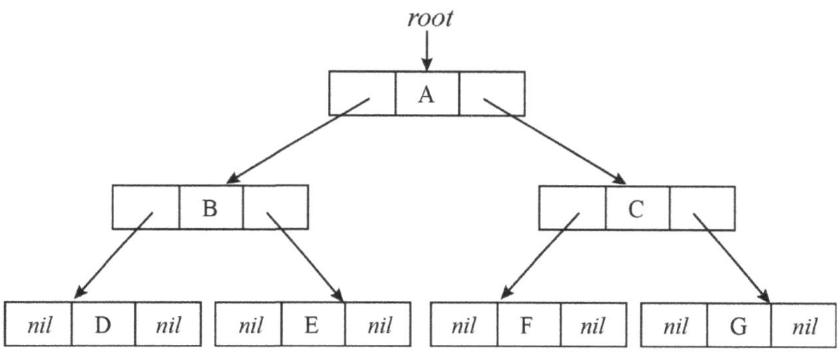


(b) 포화이진트리 그림 7.4(c)의 연결리스트 표현

그림 7.8 ▸ 연결 리스트로 표현한 트리

### 7.2.3 이진 트리 탐방

그래프 탐방과 마찬가지로 일정한 규칙에 따라 트리의 모든 노드를 빠짐없이 방문하는 것을 **이진 트리 탐방**(binary tree traversal)이라고 한다. 이진 트리내의 모든 노드를 탐방하면 방문하는 순서에 의해 트리가 저장하고 있는 데이터들에 대한 선형 순서가 만들어진다. 이진 트리 탐방은 왼쪽 서브트리를 오른쪽 서브트리보다 먼저 탐방한다는 조건을 두면, 전순위 탐방, 중순위 탐방, 후순위 탐방의 세 가지 방법으로 나눌 수 있다.

### (1) 전순위 탐방(preorder traversal)

전순위 탐방은 다음과 같이 재귀적으로 정의할 수 있다.

**정의 7.3 전순위 탐방**

단계 1 : 루트 노드를 방문한다.
단계 2 : 왼쪽 서브트리를 전순위 탐방한다.
단계 3 : 오른쪽 서브트리를 전순위 탐방한다.

그림 7.4(c)에 있는 이진 트리를 전순위 탐방해 보면 노드 방문 순서는 다음과 같다.

전순위 탐방 결과 : A − B − D − E − C − F − G

### (2) 중순위 탐방(inorder traversal)

중순위 탐방은 다음과 같이 재귀적으로 정의할 수 있다.

**정의 7.4 중순위 탐방**

단계 1 : 왼쪽 서브트리를 중순위 탐방한다.
단계 2 : 루트 노드를 방문한다.
단계 3 : 오른쪽 서브트리를 중순위 탐방한다.

그림 7.4(c)에 있는 이진 트리를 중순위 탐방해 보면 노드 방문 순서는 다음과 같다.

중순위 탐방 결과 : D − B − E − A − F − C − G

### (3) 후순위 탐방(postorder traversal)

후순위 탐방은 다음과 같이 재귀적으로 정의할 수 있다.

**정의 7.5 후순위 탐방**

단계 1 : 왼쪽 서브트리를 후순위 탐방한다.
단계 2 : 오른쪽 서브트리를 후순위 탐방한다.
단계 3 : 루트 노드를 방문한다.

그림 7.4(c)에 있는 이진 트리를 후순위 탐방해 보면 노드 방문 순서는 다음과 같다.

후순위 탐방 결과 : D – E – B – F – G – C – A

## 7.3 이진 탐색 트리

**탐색**(search)은 주어진 리스트(list)에 속한 데이터 요소 중에서 특정 값을 갖는 요소를 찾는 것을 말한다. 일반적으로 데이터 요소는 여러 필드(field)를 갖는 레코드(record) 형식으로 표현된다. 예를 들어, 학생 레코드는 학번, 이름, 주소, 나이, 학과 등의 여러 필드로 구성된다. 이러한 필드 중에서 탐색을 하는 데 이용하는 필드를 **키**(key)라고 한다. 학생 레코드들의 집합인 학생 파일(file)에서 특정 학생을 찾기 위해 주로 사용되는 키는 학번이다.

예를 들어, 리스트에 다음과 같은 키 값들이 있다고 하자.

(12, 4, 18, 19, 8, 1, 15, 20, 11, 2)

이 리스트에서 15를 찾는다고 가정하자. 리스트의 첫 번째 키 값부터 차례대로 비교하면서 찾아가는 탐색을 **순차 탐색**(sequential search)이라고 한다. 이러한 순차 탐색은 운이 좋으면 첫 번째 비교에서 원하는 값을 찾을 수 있지만, 최악의 경우는 맨 마지막까지 비교해야만 원하는 값을 찾을 수 있다. 따라서 주어진 리스트에 N개의 데이터 요소가 존재한다면 평균 비교 회수는 N/2이 된다.

만약, 리스트의 킷값들이 정렬(sort)되어 있다면 순차 검색보다 빠른 시간 안에 원하는 킷값을 탐색할 수 있다. 위의 리스트가 다음과 같이 정렬되어 있다고 하자.

(1, 2, 4, 8, 11, 12, 15, 18, 19, 20)

리스트가 정렬되어 있는 경우에는 다음과 같이 탐색이 가능하다. 찾는 킷값을 중간에 위치한 값 12와 비교한다. 만약 찾는 킷값이 12보다 작으면 이 값은 12보다 왼쪽에 위치하며, 12보다 크다면 오른 쪽에 위치하고 있다. 따라서 다음 단계에서는 12보다 왼쪽이나 오른 쪽에 있는 값들만을 갖고 똑 같은 절차를 반복한다. 이러한 탐색을 **이진 탐색**(binary search)이라 하며, 최대 비교 횟수는 리스트에 N개의 데이터 요소가 있다면 $\log N$이 된다.

이러한 이진 탐색을 위해서는 리스트가 정렬되어 있어야 하므로, 탐색 전에 순서대로 정렬하기 위한 시간이 소요된다. 이진 탐색 트리는 이러한 정렬과 이진 탐색이 용이한 효율적인 자료 구조이다.

**정의 7.6 이진 탐색 트리**

**이진 탐색 트리**(binary search tree)는 모든 노드 $v$에 대하여, 노드 $u$가 노드 $v$의 왼쪽 서브 트리에 있으면 $u<v$이고, 노드 $w$가 노드 $v$의 오른 쪽 서브 트리에 있으면 $v<w$인 이진 트리를 말한다.

이진 탐색 트리는 다음과 같은 성질을 만족한다.

(1) 모든 노드의 값은 트리에서 유일하다.
(2) 왼쪽 서브트리에 있는 모든 노드의 값들은 루트의 값보다 작다.
(3) 오른쪽 서브트리에 있는 모든 노드의 값들은 루트의 값보다 크다.
(4) 왼쪽 서브트리와 오른쪽 서브트리가 모두 이진 탐색 트리이다.

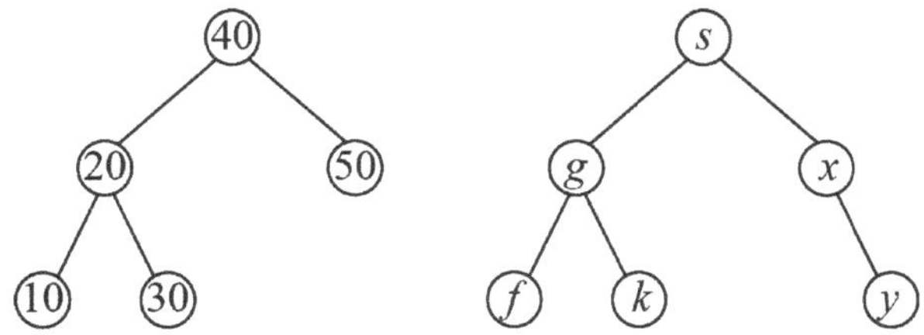

(a) (b)

그림 7.9 ▶이진 탐색 트리의 예

그림 7.9는 이진 탐색 트리의 예이다. 그림 7.9(a)는 다섯 개의 요소를 갖는 리스트 (40, 20, 10, 30, 50)이 주어졌을 때, 주어진 순서대로 이진 탐색 트리를 만든 것이다. 먼저 40이 루트가 되고, 20<40이므로 20은 40의 왼쪽 자식이 된다. 10<40이므로 10은 40의 왼쪽 자식 20과 비교된다. 10<20이므로 10은 20의 왼쪽 자식이 된다. 30<40이므로 30은 20과 비교된다. 20<30이므로 30은 20의 오른쪽 자식이 된다. 50>40이므로 50은 40의 오른쪽 자식이 된다.

그림 7.9(a)의 이진 탐색 트리에서 x=30을 찾는다고 하자. x<40이므로 x는 40의 왼쪽 자식 20과 비교되고 x>20이므로 x는 20의 오른쪽 자식과 비교된다. 이 노드의 값이 30이므로 탐색을 마친다. x=45일 경우는 x>40이므로 x는 40의 오른쪽 지식과 비교되고, x<50이므로 50의 왼쪽 자식과 비교되는데 왼쪽 자식이 없으므로 x는 주어진 트리에 존재하지 않는다.

그림 7.9(b)는 사전 순서대로 만들어진 이진 탐색 트리이다. 즉, 알파벳 g는 s보다 작으므로 s의 왼쪽에 위치하게 된다.

## 7.4 신장 트리

**정의 7.7 신장 트리**

그래프 G=(V, E)에서 V의 모든 노드를 포함하면서 순환(cycle)이 존재하지 않는 부분 그래프(subgraph)를 **신장 트리**(spanning tree)라고 한다.

대학 캠퍼스나 대형 건물의 컴퓨터 네트워크는 다수의 단위 LAN들이 브리지(bridge) 또는 스위치를 통해서 상호 연결되어 있다. 하나의 단위 LAN에 있는 컴퓨터에서 다른 LAN에 있는 컴퓨터로 데이터가 제대로 전송되도록 브리지가 동작하기 위해서는 전송된 데이터가 순환하지 않고 하나의 경로로 목적하는 LAN에 전달되도록 해야 한다. 이 문제는 대표적인 신장 트리를 찾는 문제가 된다.

그림 7.10은 주어진 그래프 G와 가능한 신장 트리 3개를 보여주고 있다. 물론 그래프 G의 신장 트리는 더 많이 존재한다. 그래프 G가 n개의 노드를 가질 때, n개의 노드를 모두 연결하려면 최소한 n−1개의 연결선이 필요하다. 따라서, n개의 노드를 갖는 그래프 G의 신장 트리는 n−1개의 연결선을 갖는다.

여러 도시를 연결하는 광범위한 네트워크를 구성하는 경우, 각 도시간의 통신비용이 존재하며 모든 도시를 연결하는 최소 비용의 신장 트리를 구하는 문제는 경제성, 효율성을 고려할 때 매우 중요하다.

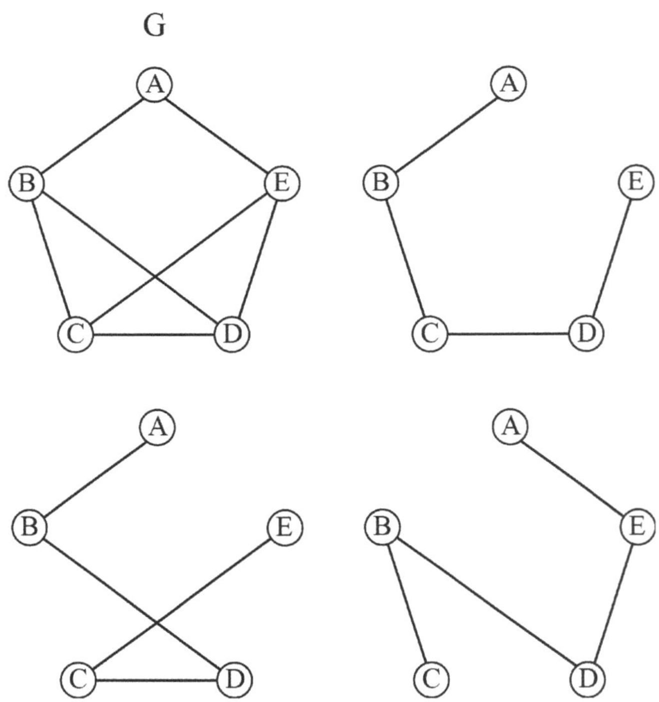


그림 7.10 ▸ 그래프 G와 신장트리들

**정의 7.8 최소 비용 신장 트리**

주어진 그래프가 가중 그래프일 때, 주어진 그래프의 신장 트리의 비용(cost)은 트리에 포함된 모든 연결선의 가중치(weight)의 합이며, **최소 비용 신장 트리**(minimum spanning tree: MST)는 비용이 최소가 되는 신장트리를 말한다.

최소 비용 신장 트리를 구하는 방법으로 프림 알고리즘과 크루스칼 알고리즘이 있다.

프림 알고리즘은 그래프 G의 임의의 노드로부터 시작해서 가장 적은 비용의 연결선을 선택하고, 원래 노드와 선택된 연결선으로 연결된 노드의 합집합으로부터 다시 비용이 최소인 연결선을 찾아 추가하는 일을 반복함으로써 최소 비용 신장 트리를 만들어나간다. 이때 트리에 추가되는 연결선들은 순환을 형성해서는 안되며, G가 n개의 정점을 갖는다면 n−1개의 연결선이 추가되면 종료한다. 알고리즘 각 단계에서 비용이 같은 연결선들이 여럿 있을 경우 임의로 하나가 선택된다.

[알고리즘 7.1] 프림 알고리즘(Prim algorithm)

**입력 : 그래프** G=(V, E)

**출력 : 최소 비용 신장 트리** T(**연결선의 집합**)

```
T=∅ ,U={s}    /* s∈V, 즉 s는 G의 임의의 노드 */
while (U≠V)
     u∈U, v∈V−U의 두 노드를 연결하는 연결선 중에서
     가장 적은 비용의 (u, v)를 선택한다.
     T=T∪{(u, v)}
     U=U∪{v}
```

프림 알고리즘에서 (u, v)를 선택할 때 언제나 u와 v는 다른 집합들 안에서 각각 선택되므로 (u, v)는 순환을 형성하지 않는다.

프림 알고리즘을 이용하여, 그림 7.11에 주어진 그래프에 대한 최소 비용 신장 트리를 구하는 과정이 그림 7.12에 순서대로 나타나 있다. 프림 알고리즘에서는 일반적으로 첫

노드를 임의로 선택한다. 이 예에서는 노드 '서울'로부터 시작하였다. 또 다른 방법은 비용이 가장 적은 연결선을 선택한 후 그 연결선과 연결된 노드에서 비용이 가장 적은 연결선을 찾아서 추가해 나가는 것을 반복함으로서 MST를 만들 수도 있다. 이 예의 경우 연결선 (서울, 대전)이 처음 선택되므로 차이가 없다.

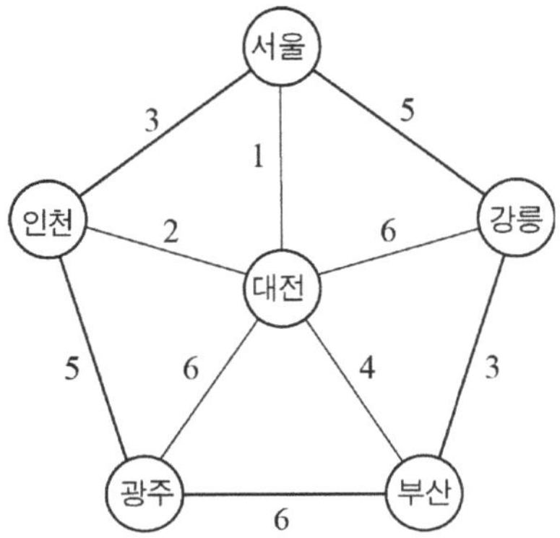


그림 7.11 ▸ 가중그래프 G

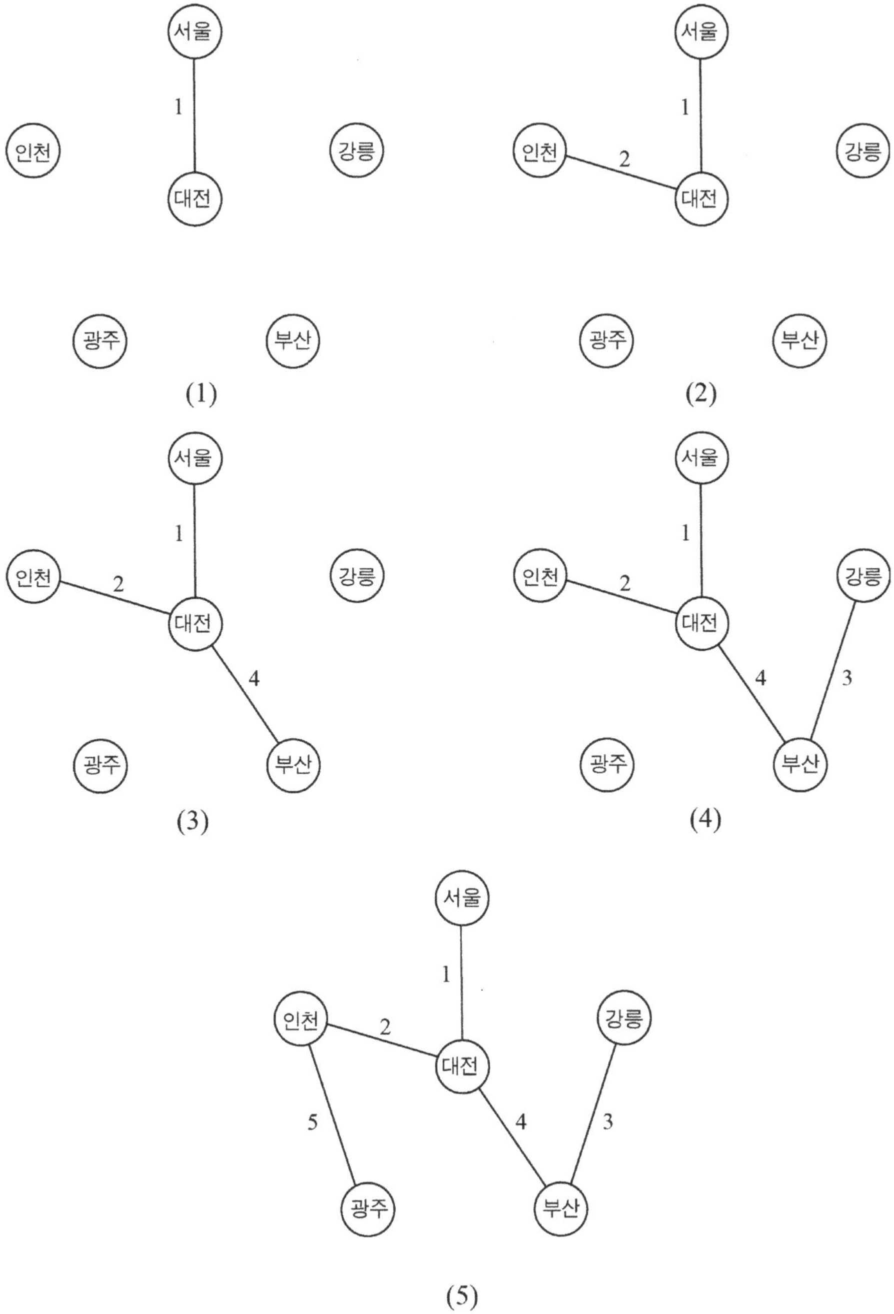


그림 7.12 ▸ 프림알고리즘을 이용한 MST 생성과정

크루스칼 알고리즘은 주어진 그래프 G에서 비용이 가장 적은 연결선을 선택하고, 연결과 상관없이 다음으로 적은 비용인 연결선을 선택하면서 최소 비용 신장 트리를 만들어 나간다. 이때 트리에 추가되는 연결선들은 순환을 형성하지 않아야하며, n개의 노드에 대하여 n−1개의 연결선이 추가되었을 때 종료한다.

[알고리즘 7.2] 크루스칼 알고리즘(Kruskal algorithm)

**입력 : 그래프** G=(V, E)

**출력 : 최소 비용 신장 트리** T(**연결선의 집합**)

```
T=∅
E의 모든 연결선을 비용이 적은 순서대로 정렬한다.
while (T의 연결선 수 < V의 노드 수 - 1)
        T에 속한 연결선들과 순환을 형성하지 않는
        최소 비용 연결선 (u, v)를 선택한다.
        T=T∪{(u, v)}
```

크루스칼 알고리즘을 이용하여, 그림 7.11에 주어진 그래프에 대한 최소 비용 신장 트리를 구하는 과정이 그림 7.13에 순서대로 나타나 있다.

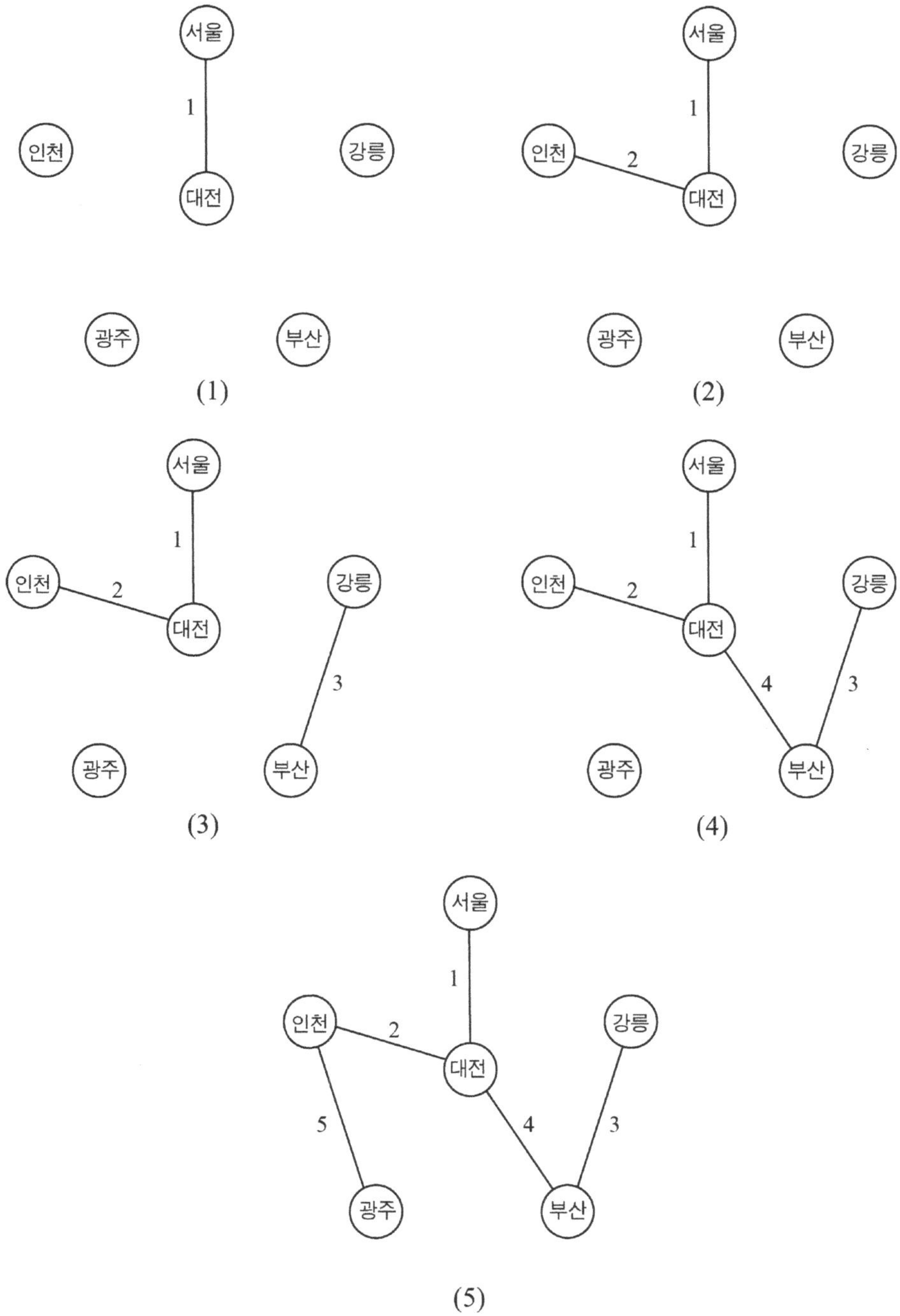


그림 7.13 ▸ 크루스칼 알고리즘을 이용한 MST생성과정

# 연습문제

제7장_ 트리

1. 다음 트리에 대한 물음에 답하라.

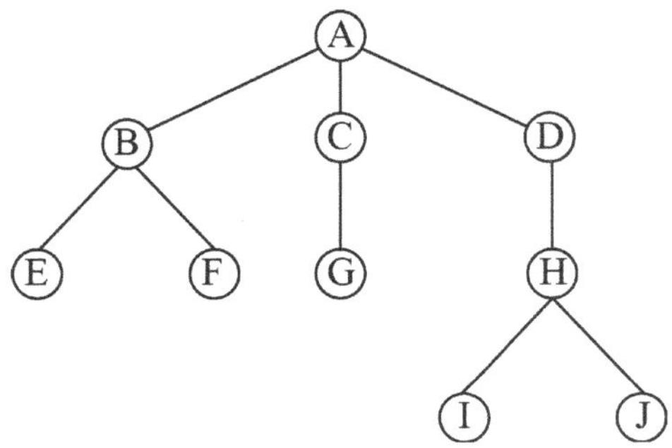


(1) 이 트리의 루트는?

(2) 이 트리의 리프 노드는?

(3) 이 트리의 내부 노드는?

(4) 이 트리의 높이(깊이)는?

(5) 노드 F의 레벨은?

(6) 노드 G의 부모 노드는?

(7) 노드 B의 자식 노드는?

(8) 노드 J의 조상은?

(9) 노드 D의 자손은?

(10) 노드 C의 형제 노드는?

2. 10개의 노드를 갖는 트리의 연결선은 모두 몇 개인가?

3. 높이가 5인 이진 트리의 최대 노드 수는 얼마인가?

4. 이진 트리에서 차수가 2인 노드의 수가 10개일 때, 리프 노드는 몇 개인가?

5. 전체 노드 수가 18인 완전 이진 트리의 깊이를 구하라.

6. 다음 트리를 정점 1을 루트로 하는 이진 트리로 변환하라.

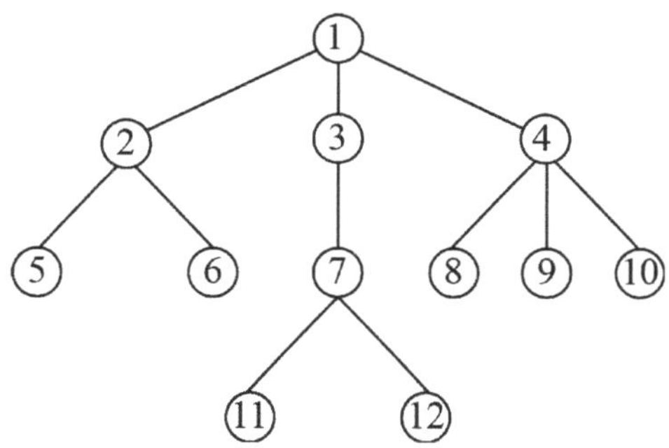


7. 다음 이진 트리에 대하여 전순위, 중순위, 후순위 탐방의 노드 방문 순서를 구하라.

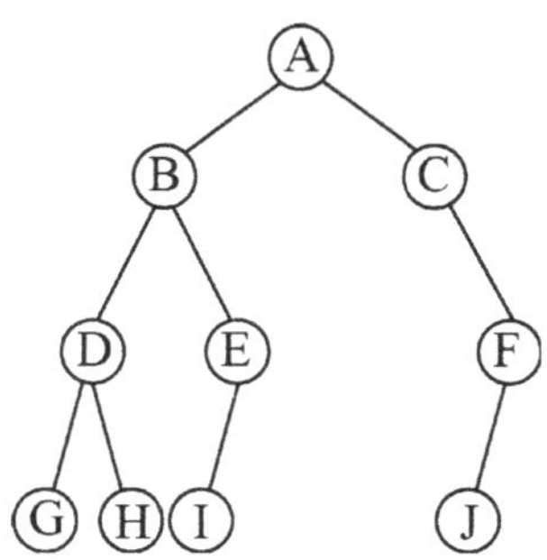

8. 다음 이진 트리에 대하여 전순위, 중순위, 후순위 탐방의 노드 방문 순서를 구하라.

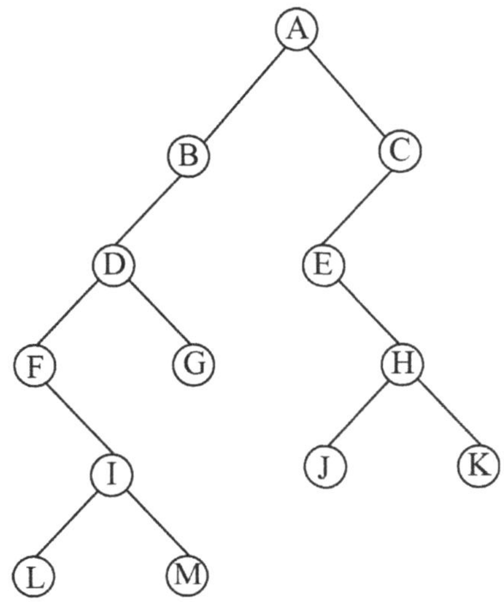


9. 다음 값들이 순서대로 입력될 때 만들어지는 이진 탐색 트리를 그려라.

(9, 5, 15, 3, 6, 12)

10. 다음 영어 단어들이 순서대로 입력될 때 만들어지는 이진 탐색 트리를 그려라.

(pear, banana, strawberry, persimmon, mango, orange, apple, grape)

11. 문제 10의 이진 탐색 트리에서 다음 단어들을 탐색할 경우 몇 번의 비교를 해야 하는가?

(1) pear　　(2) persimmon

(3) grape　　(4) durian

12. 다음 그래프의 최소 신장 트리(MST)를 프림 알고리즘을 이용하여 구하라. 단, 시작 노드는 'A'로 하고, 선택되는 연결선을 순서대로 적어라.

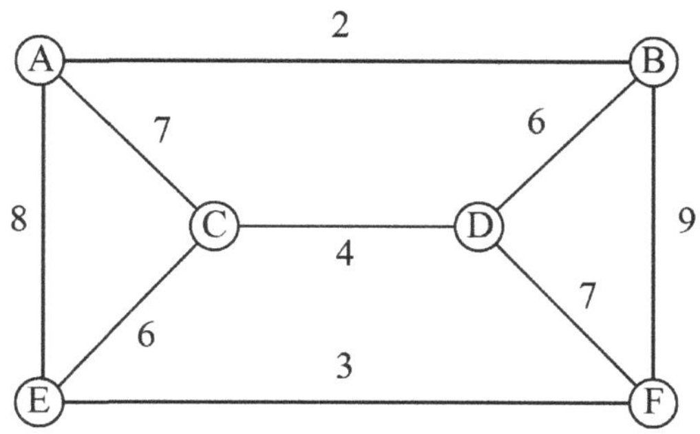


**13.** 문제 12에서 크루스칼 알고리즘을 이용하여 MST를 구하라. 단, 선택되는 연결선을 순서대로 적어라.

**14.** 다음 그래프의 MST를 프림 알고리즘을 이용하여 구하라. 단, 시작 노드는 'C'로 하고, 선택되는 연결선을 순서대로 적어라.

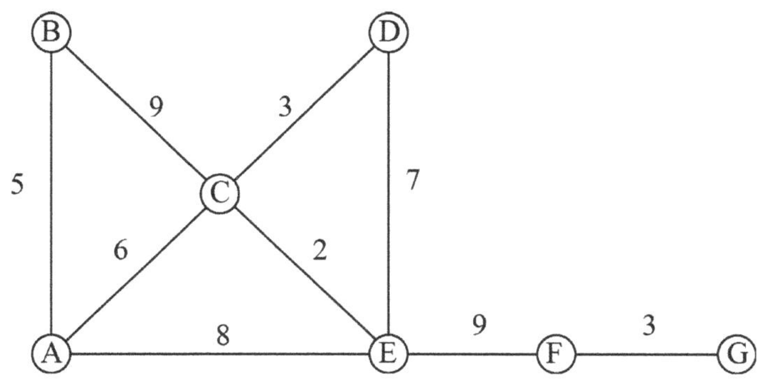


**15.** 문제 14에서 크루스칼 알고리즘을 이용하여 MST를 구하라. 단, 선택되는 연결선을 순서대로 적어라.

제8장

# 오토마타와 형식언어

**형식 언어**(formal language)는 구조나 범위 등이 명확하게 규정되고 정의된 인공 언어로서 C나 Java와 같은 프로그래밍 언어의 모델을 제공한다. 이 장에서는 형식 언어를 정의하고 생성하는 규칙인 문법과 형식언어를 인식하는 기계인 오토마타에 대하여 다룬다. 한국어나 영어와 같은 **자연 언어**(natural language)는 규칙이 복잡하고 애매모호한 경우가 많지만, 컴퓨터가 이해하는 프로그래밍 언어들은 체계적으로 잘 정의된 구문들로 규정되어 있어서 모호하지 않다. 이러한 구문들의 집합을 문법이라고 할 수 있는데, 문법과 언어에 대한 체계적인 분류나 계층구조에 대한 연구는 1950년대에 미국의 언어학자 **노암 촘스키**(Noam Chomsky)에 의하여 시작되었다. 언어 인식 기계로서의 오토마타 이론은 컴파일러의 어휘 분석(lexical analysis) 수행에 결정적 역할을 담당하며, 역시 1950년대에 영국의 수학자 **앨런 튜링**(Alan Turing)에 의하여 제안된 튜링 머신은 가장 정교한 오토마타로서 현재 우리가 갖고 있는 디지털 컴퓨터의 역량과 대등한 수학적 모델이라고 할 수 있다. 즉, 어떤 계산이 튜링 머신으로 모델링할 수 없다면 컴퓨터에 의한 효과적인 해결책도 없다는 것이 증명되었다. 이 책에서는 튜링 머신에 대해서는 자세히 다루지 않는다.

## 8.1 유한 상태 기계

이 절에서는 가장 단순한 형태의 컴퓨터라고 할 수 있는 여러 가지 기계들의 작동 원리에 대한 수학적 모델인 유한 상태 기계에 대하여 배운다. 디지털 계산기, 커피 자판기, 고속도로 요금 징수기 등이 대표적인 기계의 예이다.

**정의 8.1 유한 상태 기계**

**유한 상태 기계**(finite state machine : FSM)는 주어진 입력과 상태에 따라 상태전이와 함께 출력을 내는 기계로 다음과 같이 6가지로 구성된다.

$$FSM = \langle A, S, Z, q_0, f, g \rangle$$

A : 입력 기호(input symbol)의 유한집합
S : 내부 상태(internal state)의 유한집합
Z : 출력 기호(output symbol)의 유한집합

$q_0$ : 초기 상태(initial state), $q_0 \in S$
f : 다음 상태 함수(next state function) $S \times A \rightarrow S$
g : 출력 함수(output function) $S \times A \rightarrow Z$

FSM을 쉽게 표현하는 방법으로 **상태 표**(state table)와 **상태 도표**(state diagram)가 주로 사용된다. 상태 표는 다음 상태 함수 f와 출력 함수 g를 하나의 표에 같이 보여 주는데, 주어진 상태와 입력에 대한 다음 상태와 출력을 나타낸다. 상태 도표는 일종의 방향 그래프(digraph)로 정점(vertex)은 상태, 연결선(edge)은 입력에 따른 출력이 레이블로 붙은 상태 전이를 나타낸다.

**예제 8.1** 다음에 주어진 FSM을 상태 표와 상태 도표로 나타내어라.

$$A=\{a,\ b\},\ S=\{q_0,\ q_1,\ q_2\},\ Z=\{x,\ y,\ z\}$$

다음 상태 함수 f: $S \times A \rightarrow S$,

$$f(q_0,\ a)=q_1 \quad f(q_1,\ a)=q_2 \quad f(q_2,\ a)=q_0$$
$$f(q_0,\ b)=q_2 \quad f(q_1,\ b)=q_1 \quad f(q_2,\ b)=q_1$$

출력 함수 g: $S \times A \rightarrow Z$,

$$g(q_0,\ a)=x \quad g(q_1,\ a)=x \quad g(q_2,\ a)=z$$
$$g(q_0,\ b)=y \quad g(q_1,\ b)=z \quad g(q_2,\ b)=y$$

**풀이** 상태 표는 표 8.1과 같으며 $q_0$ 상태에서 입력이 a가 들어오면 출력은 x고 다음 상태는 $q_1$이 된다는 것을 나타낸다.

표 8.1 ▶ 상태 표

| 입력(A) / 상태(S) | a | b |
|---|---|---|
| $q_0$ | $q_1$, x | $q_2$, y |
| $q_1$ | $q_2$, x | $q_1$, z |
| $q_2$ | $q_0$, z | $q_1$, y |

아래 그림은 주어진 FSM의 상태 도표로서 $q_0$은 초기 상태임을 알 수 있고, $q_0$에서 a가 들어오면 x를 출력하고 $q_1$으로 가는 것을 나타내고 있다.

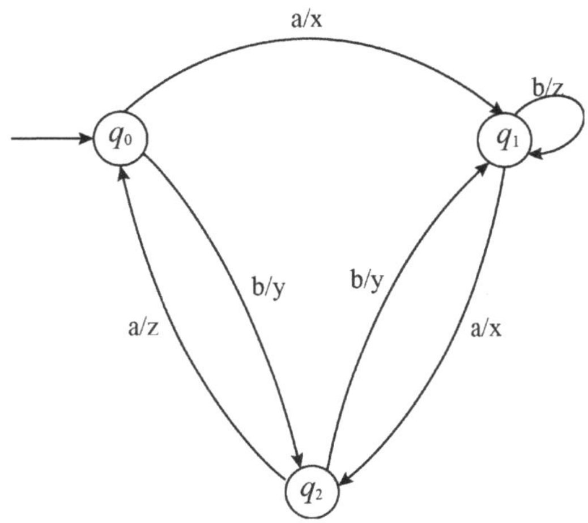


그림 8.1 ▸ 상태 도표

예제 8.1에서 입력이 babaa일 때 FSM의 동작을 생각해 보자. 초기 상태인 $q_0$에서 시작하여 각각의 입력에 따라서 다음과 같이 출력과 상태 전이가 이루어진다. 출력은 yzyzx이 되고, 상태는 $q_0q_2q_0q_2q_0q_1$ 순서로 전이된다.

$$q_0 \xrightarrow{b,y} q_2 \xrightarrow{a,z} q_0 \xrightarrow{b,y} q_2 \xrightarrow{a,z} q_0 \xrightarrow{a,x} q_1$$

그림 ▸ 입력 babaa일 때의 출력과 상태 전이

**예제 8.2** 이진 덧셈을 하는 FSM을 디자인하라.

**풀이** 다음은 이진 덧셈의 예이다.

```
  1101011
+ 0111011
---------
 10100110
```

입력 기호 A={00, 01, 10, 11, b}

상태 S={carry(c), no carry(n), stop(s)}

출력 기호 Z={0, 1, b}

여기서 b는 blank space, carry는 올림, stop은 기계가 셈을 멈춘 상태를 나타낸다.

아래 상태 도표는 이 FSM의 출력과 다음 상태 함수를 나타낸다.

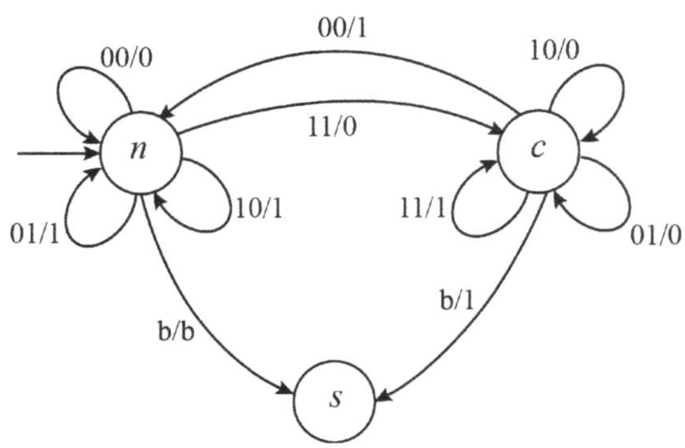


그림 8.2 ▸ 이진 덧셈의 상태 도표

## 8.2 유한 상태 오토마타

오토마타(automata)는 자동기계 장치라는 의미를 갖는 automaton의 복수형이다. 유한 상태 오토마타는 전 절에서 배운 유한 상태 기계(FSM)와 유사하지만, 출력 없이 주어진 입력문자열(string)에 대하여 인식(accept) 또는 기각(reject)만을 결정한다. 따라서 FSA는 그 기계가 이해하는 문자열만을 받아들이고 그렇지 않은 문자열은 받아들이지 않는 언어인식기(language recognizer)로서의 역할을 한다.

**정의 8.2 유한 상태 오토마타**

**유한 상태 오토마타**(finite state automata : FSA)는 다음과 같이 5가지로 구성된다.

$$FSA = <A, S, T, q_0, f>$$

A : 입력기호의 유한집합
S : 내부상태의 유한집합
T : 인식상태(accepting 또는 final 또는 terminal state)의 집합, $T \subseteq S$
$q_0$ : 초기상태, $q_0 \in S$
f : 다음상태함수 $S \times A \rightarrow S$

FSA도 FSM과 마찬가지로 동작원리를 나타내기 위하여 상태 표나 상태 도표를 이용한다. 상태 표의 경우 FSM과 다른 점은 주어진 현재 상태와 입력에 대하여 다음 상태만 표시되고 출력은 표시되지 않는다는 점이다. 상태 도표의 경우도 연결선에 입력만 있고 출력은 표시되지 않는다. 가장 중요한 차이점은 상태 도표에 인식 상태가 두 개의 원으로 표시된다는 것이다.

**예제 8.3** 다음에 주어진 FSA에 대한 상태 도표를 그려라.

$$A=\{a, b\}, S=\{q_0, q_1, q_2\}, T=\{q_0, q_1\}$$

초기 상태 : $q_0$
다음 상태 함수 f: $S \times A \rightarrow S$는 다음 표와 같다.

| 입력(A) / 상태(S) | a | b |
|---|---|---|
| $q_0$ | $q_0$ | $q_1$ |
| $q_1$ | $q_0$ | $q_2$ |
| $q_2$ | $q_2$ | $q_2$ |

풀이 이 FSA에 대한 상태 도표는 아래와 같다. 인식 상태인 $q_0$와 q1은 두 개의 원으로 표시되어 있고, 연결선에는 출력이 없다. 초기 상태 $q_0$에서 a

가 들어오면 같은 상태에 계속 머물며 b가 들어오면 상태 $q_1$으로 간다. $q_1$에서 b가 나오면 $q_2$로 가는데, $q_2$는 들어가는 연결선만 있고 나오는 연결선은 없는 기각 상태(rejecting state)이다. 이러한 상태를 죽은 상태(dead state)라고 한다. 입력 문자열의 마지막 기호가 인식 상태에서 끝나면 그 문자열은 주어진 FSA가 인식할 수 있는 문자열이고, 기각 상태에서 끝나게 되면 그 문자열은 인식할 수 없는 문자열이다.

이 FSA는 입력 기호 b가 연속해서 나오지 않는 문자열들만 인식하는 자동기계라고 할 수 있다.

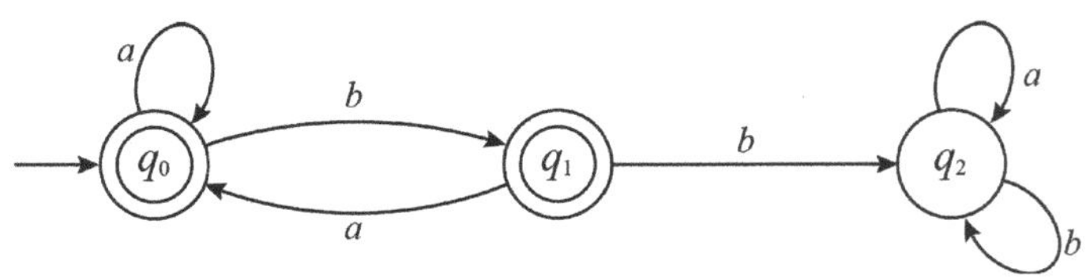


**예제 8.4** $FSA=<A, S, T, q_0, f>$에서 $A=\{a, b\}$, $S=\{q_0, q_1, q_2, q_3\}$, $T=\{q_3\}$, f는 다음 상태표와 같다.

| 상태(S) \ 입력(A) | a | b |
|---|---|---|
| $q_0$ | $q_1$ | $q_2$ |
| $q_1$ | $q_1$ | $q_3$ |
| $q_2$ | $q_2$ | $q_2$ |
| $q_3$ | $q_1$ | $q_3$ |

(1) 이 FSA의 상태 도표를 그려라.

(2) 문자열 abbaaba, aabbaab, bbaaabb는 이 FSA가 인식하는가?

(3) 이 FSA는 어떤 특징을 갖는 문자열들을 인식하는가?

풀이

(1)

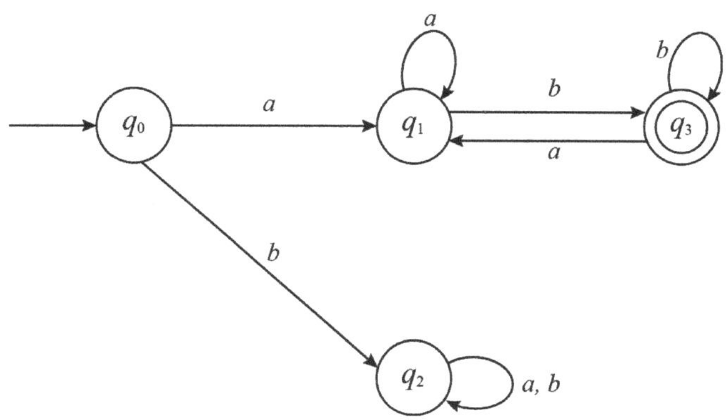


(2) abbaaba는 마지막 상태가 $q_1$이므로 인식되지 않는다.
aabbaab는 마지막 상태가 $q_3$이므로 인식된다.
bbaaabb는 마지막 상태가 죽은 상태인 $q_2$이므로 인식되지 않는다.

(3) a로 시작되고 b로 끝나는 문자열

**예제 8.5** A={0, 1}일 때, 00으로 시작하는 모든 문자열을 인식하는 FSA를 구하라.

풀이 처음 나오는 두 기호가 모두 0이어야하고 그 다음부터는 어떤 기호들이 들어오더라도 인식하여야한다. 처음에 1이 나오거나, 0 다음에 1이 나오는 경우는 다음에 어떤 기호들이 들어오더라도 상관없이 기각되어야하므로 죽은 상태로 보내면 된다.

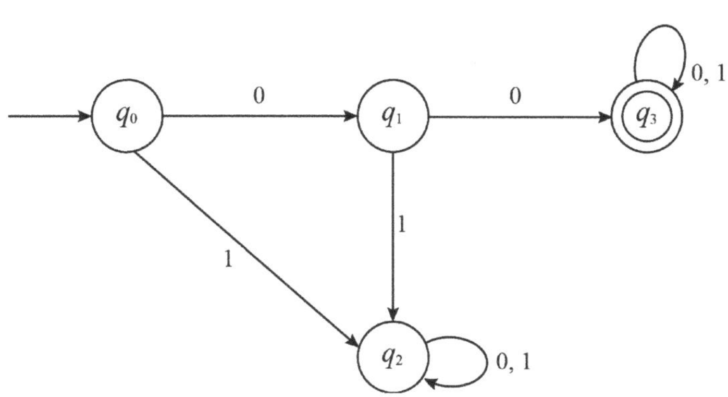

**예제 8.6** 당신이 거래하는 은행의 현금인출기(ATM)에 현금 카드를 삽입했다고 가정하자. 비밀번호는 4자리 숫자이고 당신의 비밀번호가 "1234"라고 하자. 이 번호만을 인식하고 다른 4자리 숫자는 기각하는 FSA를 설계하라. 단, 이 기계는 맞는 비밀번호 다음에 다른 번호가 또 들어오면 틀린 번호로 인식한다.

풀이 이 FSA는 시작 상태에서 첫 번째 입력기호가 1이면 다음 상태로 가고, 1이 아니면 올바른 비밀번호가 아니므로 기각 상태로 간다. 입력 기호의 집합을 A={0, 1, 2, 3, 4, 5, 6, 7, 8, 9}라고 할 때, 이 기계의 상태 도표를 그리면 다음과 같다.

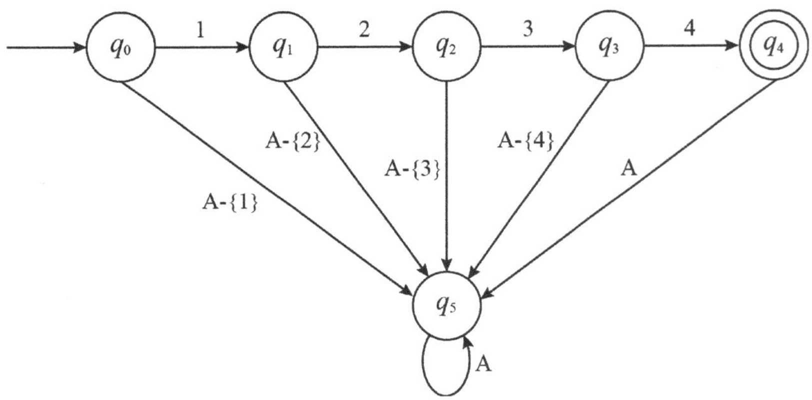


이 기계의 내부 상태의 집합 S와 인식 상태의 집합 T는 다음과 같고 초기 상태는 $q_0$다. 다음 상태 함수 f는 위의 그림 상태 도표와 같다.

$S=\{q_0, q_1, q_2, q_3, q_4, q_5\}$

$T=\{q_4\}$

## 8.3 언어와 문법

촘스키에 의하여 처음으로 체계적인 연구가 이루어진 언어학은 소리(음소)들이 모여 어떻게 단어를 만드는가 등의 언어 음성체계를 연구하는 음운론(phonology), 단어들이 어떤 규칙으로 구, 절 문장을 이루는지를 다루는 구문론(syntax), 단어의 의미에 기초하여 문장 속에서 단어가 적합하게 사용되었는지를 다루는 의미론(semantics), 그리고 언어의 사회적 사용과 기능에 관한 규칙을 연구하는 화용론(pragmatics) 등으로 세분될 수 있다. 언어 문법은 보통 상호 관련된 규칙의 집합으로 구성되어 있다. 이 책에서 다루는 부분은 언어학의 구문론에 해당하며 언어의 의미를 다루는 것이 아니다. 구문론과 의미론의 차이는 촘스키가 언급한 다음과 같은 예로 설명할 수 있다. 영어 문장 "Ideas green sleep colorless furiously."는 영어 문법에 맞지 않으므로 구문론적으로 옳지 않다. 또한, "Colorless green ideas sleep furiously."는 문법적으로(구문론적으로) 완전한 문장이지만 의미론의 관점에서는 뜻이 통하지 않는 문장이 된다.

문법은 어떤 언어에 속해 있는 단어들을 생성하는 데 사용되며, 또 어떤 단어가 그 언어에 속하는지를 판별하는 도구이기도 하다.

언어와 문법을 정의하기 전에 기본이 되는 개념들을 정리해 보자.

### 정의 8.3 기호, 알파벳, 문자열, 단어, 문장

**기호**(symbol)는 어떤 뜻을 나타내기 위하여 사용되는 문자, 숫자, 부호 등을 총칭하며 a, b, 0, 1 등을 말한다. **알파벳**(alphabet)은 기호들의 유한 집합으로 $\Sigma$로 표시한다. **문자열**(string)은 알파벳에 있는 기호들을 연속적으로 유한개 늘어놓은 것으로, **단어**(word) 또는 **문장**(sentence)이라고도 한다.

### 정의 8.4 문자열의 길이, 공문자열, $\Sigma^*$, $\Sigma^+$, $\Sigma^n$

**문자열의 길이**는 문자열에 포함된 기호의 개수를 말하며, w가 문자열일 때 $|w|$와 같이 나타낸다. 만일 주어진 문자열이 어떠한 기호도 가지고 있지 않을 때에는 **공문자열**(empty string)이라 하고 통상 $\lambda$(그리스 문자로 lambda) 또는 $\varepsilon$(epsilon)로 나타낸다. 따라서 $|\lambda|=0$ 이고 모든 문자열 w에 대해 $\lambda w=w\lambda=w$가 성립한다. 주어진 알파벳을 $\Sigma$라고 할 때 $\Sigma$에 속한 기호들로 만들 수 있는 모든 문자열의 집합을 $\Sigma^*$라고 나타낸다. $\Sigma^+$는 $\Sigma$에서 공문자열을 제외한 모든 문자열의 집합을 나타내며, $\Sigma^n$은 $\Sigma$에서 문자열의 길이가 n(음이 아닌 정수)으로 정의되는 모든 문자열의 집합을 나타낸다.

**예제 8.7** 알파벳 $\Sigma=\{a, b\}$일 때 $\Sigma^*$, $\Sigma^+$, $\Sigma^0$, $\Sigma^1$, $\Sigma^2$, $\Sigma^3$를 구하라.

풀이

$\Sigma^*=\{\lambda, a, b, aa, ab, ba, bb, aaa, aab, aba, \cdots\}$

$\Sigma^+=\{a, b, aa, ab, ba, bb, aaa, aab, aba, \cdots\}$

$\Sigma^0=\{\lambda\}$

$\Sigma^1=\{a, b\}$

$\Sigma^2=\{aa, ab, ba, bb\}$

$\Sigma^3=\{aaa, aab, aba, abb, baa, bab, bba, bbb\}$

**정의 8.5 문자열의 접합과 반복**

두개의 문자열 w와 v의 **접합**(concatenation)은 w뒤에 v를 붙인 것으로 wv로 나타낸다. 즉, w=aba이고 v=bba일 때 w와 v의 접합 wv는 ababba가 된다. w가 문자열일 때, $w^n$이란 w를 n번 접합한 것이며 모든 w에 대해 $w^0=\lambda$이다. w=ab일 때, $w^2=abab$이고, $w^*=\{\lambda, ab, abab, ababab, abababab, \cdots\}$, $w^+=\{ab, abab, ababab, abababab, \cdots\}$이다.

언어는 다음과 같이 정의된다.

**정의 8.6 언어**

알파벳 $\Sigma$ 상의 **언어**(language)는 $\Sigma^*$의 부분집합이다.

**예제 8.8** $\Sigma=\{a, b\}$일 때 다음은 모두 언어이다.

(1) $L_1=\{\lambda\}$

(2) $L_2=\{a, aa, aaa, \cdots\}$

(3) $L_3=\{a^n \mid n\in N\}$

(4) $L_4=\{a^nb^n \mid n\geq 1\}$

(5) $L_5=\Sigma^*$

여기서 $L_2=L_3$ 임을 알 수 있다.

**정의 8.7 언어의 접합**

알파벳이 $\Sigma$이고 $L_1$, $L_2$가 $\Sigma^*$에 속하는 언어들이라고 할 때, $L_1$과 $L_2$의 **접합**은 $L_1L_2$로 나타내며 다음과 같이 정의한다.

$$L_1L_2=\{xy \mid x\in L_1,\ y\in L_2\}$$

**예제 8.9** $\Sigma=\{0, 1\}$이고 $L_1=\{0, 01\}$, $L_2=\{1, 10\}$일 때, 접합 $L_1L_2$와 $L_2L_1$을 구하라.

풀이 $L_1L_2=\{01, 010, 011, 0110\}$

$L_2L_1=\{10, 101, 100, 1001\}$

**정의 8.8 언어의 클린 폐쇄와 양 폐쇄**

알파벳이 $\Sigma$, L이 $\Sigma^*$에 속하는 언어라고 가정하자. $L^0=\{\lambda\}$, $L^i=LL^{i-1}$, $i\geq 1$로 정의할 때 L의 **클린 폐쇄**(Kleene closure)는 $L^*$로 나타내며 다음과 같이 정의한다.

$$L^*=\bigcup_{i=0}^{\infty} L^i$$

L의 **양 폐쇄**(positive closure)는 $L^+$로 나타내며 다음과 같이 정의한다.

$$L^+=\bigcup_{i=1}^{\infty} L^i$$

**예제 8.10** $L=\{1, 01\}$일 때 $L^2$와 $L^3$을 구하라.

풀이 $L^2=LL=\{11, 011, 101, 0101\}$

$L^3=LL^2=\{111, 0111, 1011, 1101, 01011, 01101, 10101, 010101\}$

**예제 8.11** $L=\{0, 1\}$일 때 $L^*$와 $L^+$를 구하라.

**풀이** $L^*=L^0 \cup L^1 \cup L^2 \cup \cdots$

$=\{\lambda\} \cup \{0, 1\} \cup \{00, 01, 10, 11\} \cup \cdots$

$=\{\lambda, 0, 1, 00, 01, 10, 11, 000, \cdots\}$

$L^+$는 $L^*$에서 $\lambda$를 제외하면 된다.

위에서 언급되었듯이 한 언어의 문법은 그 언어를 규정하기 위한 상호 관련된 규칙들의 모임이다. 다음 영어 문장의 예를 보자.

"The lady ate a peach greedily"

일반적으로 문장(sentence)은 주부(subject) 술부(predicate)로 나누어진다. 위 영어 문장의 주부는 "the lady", 술부는 "ate a peach greedily"다. 다시 주부는 관사(article) "the"와 명사(noun) "lady"로 나뉘고, 술부는 동사(verb) "ate"와 목적어구(object phrase) "a peach greedily"로 나뉜다. 목적어구는 다시 목적어(object) "a peach"와 부사(adverb) "greedily"로 나뉜다. 마지막으로 목적어는 관사 "a"와 명사 "peach"로 나뉜다. 이러한 방식으로 문법에 맞게 문장의 구문 구조를 나타낸 트리를 **파스 트리**(parse tree) 또는 **유도 트리**(derivation tree)라고 하며 위 문장에 대한 파스 트리는 그림 8.3과 같다. 파스 트리는 컴파일러가 주어진 프로그래밍 언어의 원시 코드(source code)가 문법에 맞는지 검사하는 구문 분석 단계에서 생성된다.

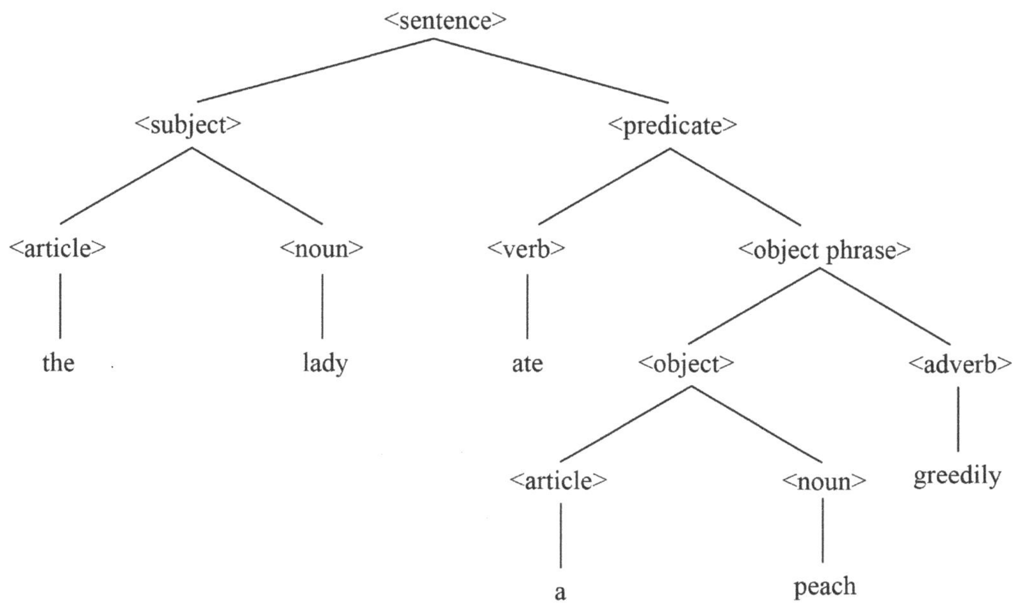


그림 8.3 ▸ 파스 트리의 예

위 그림의 트리에서 각 리프 노드는 문자열(단어)임을 알 수 있는데 더 이상 분해될 수 없는 단말 기호(terminal symbol)들이다. 이 단말 기호들의 집합을 T로 나타내며 이 트리의 경우 T={the, lady, ate, a, peach, greedily}이다. 트리의 중간 노드들은 비단말 기호(nonterminal symbol)들을 나타낸다. 비단말 기호들의 집합은 N으로 나타내며, 이 트리의 경우 N={sentence, subject, predicate, article, noun, verb, object phrase, object, adverb}이다. 비단말 기호는 단말 기호와 구별하기 위하여 '<>'를 사용하여 나타낸다. 또한 트리의 루트인 비단말 기호 (이 트리의 <sentence>)를 시작 기호(start symbol)이라고 한다. "문장은 주부와 술부로 나누어진다" 등의 규칙들에 의하여 문장이 생성되는데 이러한 규칙을 생성 규칙(production rule)이라고 한다. 생성 규칙은 $\alpha \rightarrow \beta$ 형태로 나타내는데 $\alpha$는 비단말 기호만 가능하고, $\beta$는 비단말 또는 단말 기호 모두 올 수 있다. 그림 8.3의 예에서 나타난 생성 규칙은 다음과 같다. 동일한 좌변 기호로부터 여러 우변 기호들이 생성되는 규칙을 한 문장으로 표시하기 위하여 '|'기호가 사용된다.

<sentence>→<subject><predicate>

<subject>→<article><noun>

<predicate>→<verb><object phrase>

<object phrase>→<object><adverb>

<object>→<article><noun>

<article>→ the | a

<noun>→ lady | peach

<verb>→ate

<adverb>→greedily

위의 규칙이 주어졌을 때 문장 “A lady ate the peach greedily”도 가능함을 확인하자. 하지만 위의 규칙대로라면 ”The peach ate the lady"라는 문장도 유효함을 알 수 있다.

이제 문법을 정의해 보자.

**정의 8.9 문법**

**문법**(grammar) G는 다음과 같이 4가지로 구성된다.

$$G = \langle N,\ T,\ S,\ P \rangle$$

N : **비단말 기호**(nonterminal symbol)들의 집합, 변수(variable)라고도 하며 주로 영문대문자로 표기한다.

T : **단말 기호**(terminal symbol)들의 집합, 주로 영문소문자로 표기한다.

S : **시작 기호**(start symbol), $S \in N$

P : **생성 규칙**(production rule), $\alpha \to \beta$의 형태 $\alpha,\ \beta \in (N \cup T)^*$, $\alpha$는 적어도 하나의 비단말 기호를 갖는다.

**정의 8.10 유도**

$\alpha \to \beta$는 생성 규칙이고 x, y가 $(N \cup T)^*$에 속하는 문자열 일 때, $x\alpha y$는 $x\beta y$를 **직접 유도**(directly derive)한다고 하고 $x\alpha y \Rightarrow x\beta y$로 표시한다. 또한 $w_1, w_2, \cdots, w_n$이 $(N \cup T)^*$에 속하는 문자열이고 $w_1 \Rightarrow w_2 \Rightarrow \cdots \Rightarrow w_n$이면 $w_1 \overset{*}{\Rightarrow} w_n$으로 표시하고 $w_1$은 $w_n$을 **유도**(derive)한다고 한다.

**예제 8.12** 문법 G=<N, T, S, P>가 다음과 같이 주어졌을 때, 단어 acbabc를 유도하고 유도 트리를 그려라.

$$N=\{S, A, B\}, T=\{a, b, c\}, P=\{S \to aAB, A \to Bba, B \to bB, B \to c\}$$

풀이 $S \Rightarrow aAB \Rightarrow a(Bba)B \Rightarrow acbaB \Rightarrow acba(bB) \Rightarrow acbabc$

따라서 $S \overset{*}{\Rightarrow} acbabc$이다.

이 유도 과정은 다음과 같이 유도 트리로 표현 가능한데 적절한 유도트리가 존재하지 않으면 주어진 문법에 맞지 않는 단어(또는 문장)이다.

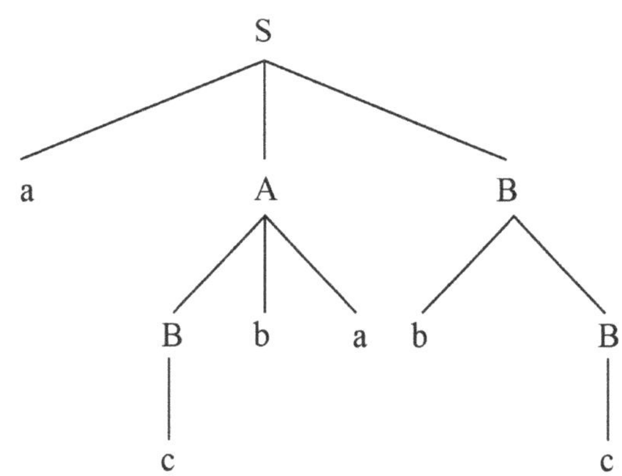


**예제 8.13** 문법 G=<N, T, S, P>가 다음과 같이 주어졌을 때, 단어 aaabbb를 유도하라.

$$N=\{S\}, T=\{a, b\}, P=\{S \to aSb, S \to ab\}$$

풀이 $S \Rightarrow aSb \Rightarrow aaSbb \Rightarrow aaabbb$

**정의 8.11 문법 G로부터 생성되는 언어, L(G)**

문법 G=<N, T, S, P>에 의하여 생성되는 언어를 L(G)로 나타내며, 이것은 시작 기호 S로부터 유도 가능한 $T^*$에 속하는 단어(문자열)들의 집합이다. 즉, 다음과 같이 정의된다.

$$L(G)=\{w \in T^* \mid S \overset{*}{\Rightarrow} w\}$$

**예제 8.14** 문법이 다음과 같을 때 각 문법이 생성하는 언어는 무엇인가?

(1) $G(N=\{S\}, T=\{a, b\}, S, P=\{S \rightarrow aSb, S \rightarrow \lambda\})$

(2) $G(N=\{S, A\}, T=\{a, b\}, S, P=\{S \rightarrow aAb, A \rightarrow aAb, A \rightarrow \lambda\})$

풀이 (1) $L(G)=\{a^n b^n | n \geq 0\}$

(2) $L(G)=\{a^n b^n | n \geq 1\}$, 이 문법이 위의 예제 8.13과 같은 문법임을 확인하자.

**예제 8.15** 문법 G=<N, T, S, P>가 다음과 같이 주어졌을 때, 언어 L(G)의 문장 "The small cat eats quickly"를 유도하고 그 유도트리를 그려라.

N={<sentence>, <noun phrase>, <verb phrase>, <article>, <adjective>, <noun>, <verb>, <adverb>}

T={The, A, big, small, dog, cat, eats, runs, quickly, slowly}

S=<sentence>

P=

{<sentence>→<noun phrase><verb phrase>

<noun phrase>→<article><adjective><noun>

<verb phrase>→ <verb> | <verb><adverb>

<article>→ The | A

<adjective>→ big | small

<noun>→ dog | cat

<verb>→ eats | runs

<adverb>→ quickly | slowly}

풀이 <sentence>⇒<noun phrase><verb phrase>

⇒<article><adjective><noun><verb phrase>

⇒The <adjective><noun><verb phrase>

⇒The small <noun><verb phrase>

⇒The small cat <verb phrase>

⇒The small cat <verb><adverb>

⇒The small cat eats <adverb>

⇒The small cat eats quickly

유도 트리는 다음과 같다.

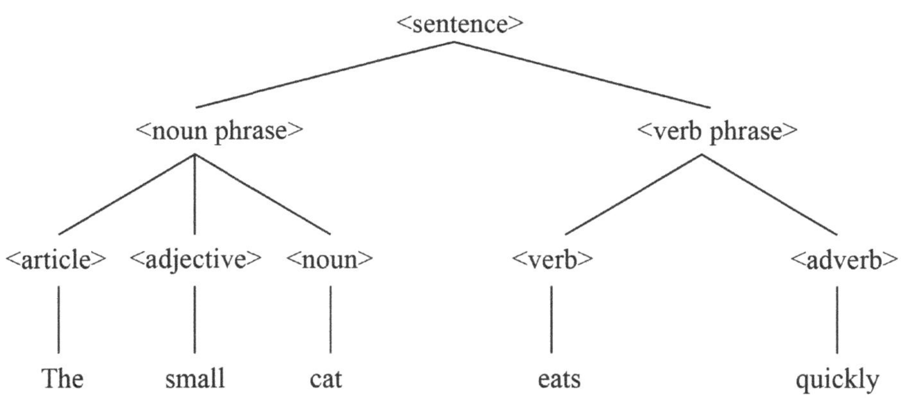


**예제 8.16** 위의 예제에서 L(G)의 문장 "A big dog runs"의 유도 과정을 보여라.

풀이 <sentence>⇒<noun phrase><verb phrase>

⇒<article><adjective><noun><verb phrase>

⇒A <adjective><noun><verb phrase>

⇒A big <noun><verb phrase>

⇒A big dog <verb phrase>

⇒A big dog <verb>

⇒A big dog runs

이제 문법의 유형 분류에 대하여 살펴보자.

**정의 8.12 문법의 유형**

문법 G=<N, T, S, P>에 대하여 A, B, C∈N, a, b∈T이고 α, α', β∈(N∪T)*일 때, **문법의 유형**은 생성 규칙의 형태에 따라서 다음과 같이 4 종류로 분류된다.

(1) **무제한 문법**(unrestricted grammar : UG, Type 0)
무제한 문법은 생성규칙 α→β의 형태에 제한이 없지만, 원래 생성 규칙의 제약으로 α는 최소한 하나의 비단말 기호를 포함해야 한다.

예) P={S→aAB, AB→a, A→b, B→AB}

(2) **문맥민감 문법**(context-sensitive grammar : CSG, Type 1)
문맥민감 문법은 생성 규칙 α→β에서 $|\alpha| \le |\beta|$ 즉, 왼쪽의 기호의 수가 오른쪽보다 적거나 같아야 한다. 한 가지 예외는 α→λ의 형태로 공문자열이 언어의 일부가 될 수 있도록 하기 위하여 포함시킨다. 이 유형에는 생성 규칙이 αAα'→αβα'인 형태가 포함되는데, 비단말 A가 α와α' 사이에 있을 경우만 β로 치환될 수 있으므로 문맥민감 문법이라고 한다.

예) P={S→aAB, AC→BC, AB→bB, B→b, A→aB}

위의 예 AC→BC는 A가 다음에 C가 따라오는 경우에 B로 치환될 수 있다는 규칙이다. 이러한 형태는 문맥자유 문법에는 존재하지 않는다.

(3) **문맥자유 문법**(context-free grammar : CFG, Type 2)
문맥자유 문법은 모든 생성 규칙이 A→β의 형태를 갖는다. 즉, 왼쪽이 오직 한 개의 비단말 기호만 갖는다.

예) P={S→aA, A→aAB, B→b, A→a}

(4) **정규 문법**(regular grammar : RG, Type 3)
정규 문법은 모든 생성 규칙이 A→aB 또는 A→a 형태를 갖거나, A→Ba 또는 A→a 형태를 갖는다.

예) P={S→aB, B→bA, B→b, B→a, A→aB, A→a}

위 4 가지 유형의 문법들은 촘스키가 정의한 분류이며, 문법들 사이의 포함 관계를 도표로 나타내면 다음 그림 8.4와 같다.

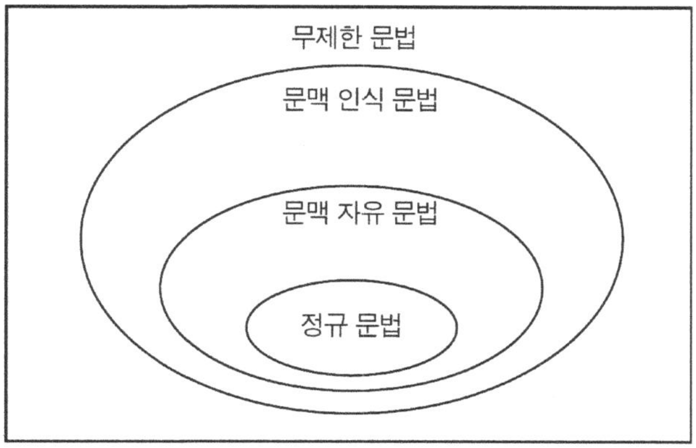


그림 8.4 ▸ 문법들의 포함 관계

일반적인 프로그래밍 언어들의 문법은 문맥자유 문법이나 정규 문법이며, 이러한 문맥자유 문법에서는 해당 언어의 단어나 문장이 유도되는 과정을 유도 트리로 표시할 수 있다.

**예제 8.17** 다음은 언어 $L(G)=\{a^m b^n | m, n \geq 0\}$를 생성하는 문법이다. 이 문법의 유형은 무엇인가?

$$G=(\{S\}, \{a, b\}, S, \{S \rightarrow aS, S \rightarrow Sb, S \rightarrow \lambda\})$$

풀이 정규 문법이다.

**예제 8.18** 예제 8.14의 언어 $L(G)=\{a^n b^n | n \geq 0\}$를 생성하는 문법의 유형은 무엇인가?

풀이 생성규칙 $P=\{S \rightarrow aSb, S \rightarrow \lambda\}$이고, 생성 규칙의 좌변이 모두 하나의 비단말 기호만 포함하므로 문맥자유 문법이다.

**예제 8.19** 다음은 언어 $L(G)=\{a^n b^n c^n | m, n \geq 0\}$를 생성하는 문법이다. 이 문법의 유형은 무엇인가? $a^2b^2c^2$을 유도하라.
$G=(\{S, A, B\}, \{a, b, c\}, S, P)$이고 P는 다음과 같다.

$$S \rightarrow aSAB | \lambda, \ BA \rightarrow AB, \ aA \rightarrow ab, \ bA \rightarrow bb, \ bB \rightarrow bc, \ cB \rightarrow cc$$

**풀이** 좌변 기호의 개수가 우변 기호 개수보다 작거나 같으므로 문맥민감 문법이다. $a^2b^2c^2$의 유도 과정은 다음과 같다.

S⇒aSAB⇒aaSABAB⇒aaABAB⇒aabBAB

⇒aabABB⇒aabbBB⇒aabbcB⇒aabbcc

**예제 8.20** 다음은 프로그래밍 언어의 수식을 나타내는 문법의 일부이다. 이 문법이 문맥자유 문법임을 확인하고 수식 (x+y) * x의 유도 트리를 구하라.

G=({E}, {+, *, (, ), x, y}, E, P}이고 P는 다음과 같다.

E→E+E

E→E*E

E→(E)

E→x|y

**풀이**

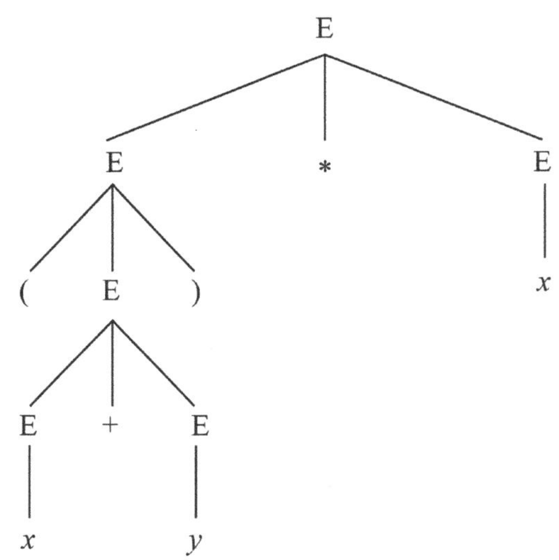

## 8.4 정규식

다음 절에서 다시 언급되겠지만 정규 문법으로 생성 가능한 언어는 유한 상태 오토마타에 의하여 인식 가능하며 다음과 같은 정규식에 의하여 표현 가능하다.

**정의 8.13 정규식**

알파벳 $\Sigma$={a, b}일 때, $\Sigma$상에 정의된 **정규식**(regular expression)은 다음과 같이 정의된다.

(1) $\varnothing$는 공집합을 나타내는 정규식이다.
(2) $\lambda$는 {$\lambda$}를 나타내는 정규식이다.
(3) a, b는 각각 {a}와 {b}를 나타내는 정규식이다.
(4) a, b가 정규식이면 다음은 모두 정규식이다.

ab : 접합(concatenation)으로 {ab}를 나타낸다.
$a \vee b$ : 합집합으로 {a, b}를 나타낸다.
$a^*$ : 클린 폐쇄(Kleene closure)로 {$\lambda$, a, aa, aaa, aaaa, …}를 나타낸다.
$a^+$ : 양 폐쇄(positive closure)로 {a, a, aa, aaa, aaaa, …}를 나타낸다.

이 외에 소괄호 ()도 정규식의 일부로 간주한다.

**예제 8.21** 다음 정규식은 각각 어떤 언어를 표현하는가?

$$ab^*,\ (ab)^*,\ a^*b^*,\ (a \vee b)^*$$

풀이

$ab^* = \{a, ab, abb, abbb, \cdots\}$

$(ab)^* = \{\lambda, ab, abab, ababab, \cdots\}$

$a^*b^* = \{\lambda, a, b, aa, ab, bb, aaa, aab, abb, bbb, \cdots\}$

$(a \vee b)^* = \{\lambda, a, b, aa, ab, ba, bb, \cdots\}$

**예제 8.22** 정규식 $(a \vee b)^*bb$는 어떤 언어를 표현하는가?

풀이 {bb, abb, bbb, aabb, abbb, bbbb, …}, 즉, bb로 끝나는 모든 문자열을 표현한다.

## 8.5 오토마타, 언어, 문법의 상관관계와 촘스키 계층 구조

촘스키에 의한 문법의 분류는 각 문법 유형에 해당하는 언어의 유형으로 형식 언어를 분류할 수 있게 한다. 즉, 문맥민감 문법(CSG)에 의하여 생성되는 언어는 언어의 표현 능력에서 정규 문법(RG)에 의하여 생성되는 언어보다 정교하고 복잡한데 이러한 유형의 언어를 문맥민감 언어(context−sensitive language, CSL)라고 한다. 또한 언어 인식기로서의 오토마타도 그 기계의 정교함에 따라서 인식 가능한 언어의 유형이 다르다. 우리가 이 장에서 다룬 유한 상태 오토마타(FSA)는 정규 문법에 의하여 생성가능한 언어를 인식할 수 있다. 이에 따라 정규 언어를 다시 정의해 보자.

**정의 8.14 정규 언어(regular language)**

- 정규문법(RG)에 의해 생성 가능한 언어
- 유한 상태 오토마타(FSA)에 의해 인식 가능한 언어
- 정규식(RE)으로 표현 가능한 언어

모든 형식 언어는 4가지 문법 유형에 따라 4가지 유형으로 나눌 수 있으며, 각 유형의 언어마다 인식할 수 있는 계산 기계들이 존재한다. 다음 표 8.2는 촘스키에 의한 언어의 계층 구조와 각 유형에 대한 문법과 인식할 수 있는 오토마타를 나타내고 있다. 이 책에서는 FSA보다 정교한 오토마타인 PDA, LBA, 튜링 기계(Turing Machine)에 대해서는 다루지 않는다. 전 절에서 언급한 촘스키의 문법 포함 관계에 따라 언어나 오토마타도 동일한 포함 관계를 갖는다. 예를 들어, 튜링 기계는 모든 유형의 언어들을 인식할 수 있는 오토마타고, 모든 정규 언어는 문맥자유 언어이다.

표 8.2 ▸ 촘스키 계층구조

| 언어 | 문법 | 오토마타 | |
|---|---|---|---|
| 정규 언어(RL) | RG(Type 3) | FSA | 정규식(RE)으로 표현가능 |
| 문맥자유 언어(CFL) | CFG(Type 2) | PDA(Push−Down Automata) | |
| 문맥민감 언어(CSL) | CSG(Type 1) | LBA(Linear Bounded Automata) | |
| 무제한 언어(UL) | UG(Type 0) | TM(Turing Machine) | |

**예제 8.23** $\Sigma$={a, b}일 때, 정규식 $ab(ab)^*$로 표현되는 정규언어 L을 인식하는 FSA와 L을 생성하는 정규문법 G를 구하라.

풀이 $ab(ab)^*$는 $(ab)^+$와 같고, L={ab, abab, ababab, …}이다. L을 인식하는 FSA는 다음과 같다. 상태 D는 죽은 상태(dead state)로 그 상태에 들어가면 이미 다음에 어떤 기호가 나오든지 인식할 수 없는 단어다. 예를 들어, 문자열 aabab의 경우 a다음에 a가 나온 시점에 이 단어는 언어 L에 속할 수 없으므로 다음에 어떤 기호가 따라오든지 죽은 상태에 머무르게 된다.

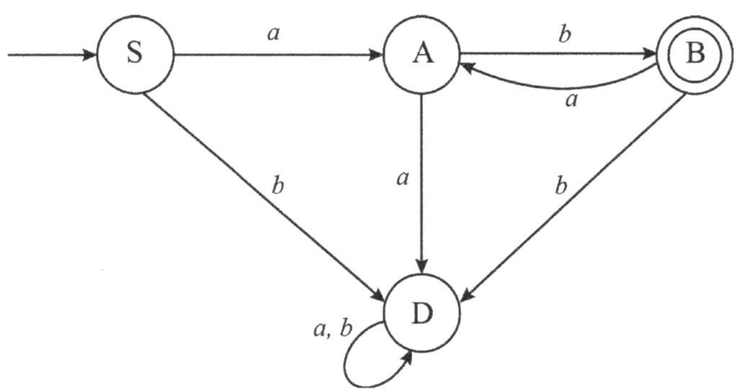


언어 L을 생성하는 문법은 이 FSA로부터 구할 수 있다. 상태 S에서 a가

나오면 상태 A로 전이할 경우, 문법의 생성 규칙에 S→aA를 만들어 준다. 만약 A가 인식 상태일 경우에는 S→a를 규칙에 추가해준다. 죽은 상태의 경우는 의미가 없으므로 제외한다. L을 생성하는 문법의 생성 규칙 P는 다음과 같다.

$$P=\{S \to aA,\ A \to bB|b,\ B \to aA\}$$

**예제 8.24** Σ={a, b}에 대한 언어 L={w | w는 한 개의 b만을 포함하는 문자열}일 때, RE, FSA, RG를 구하라.

**풀이** 정규식은 $a^*ba^*$이고 이를 인식하는 FSA는 다음과 같다.

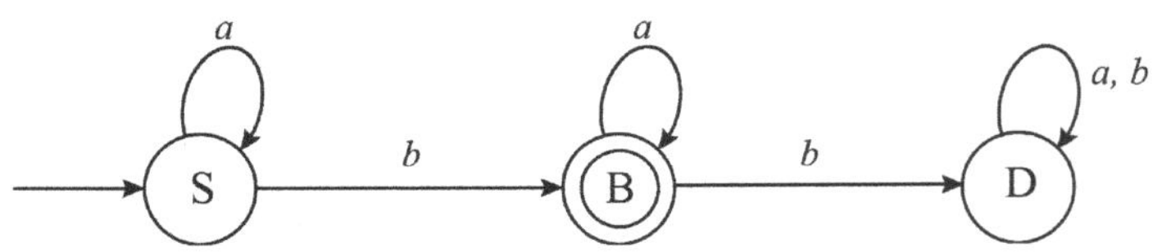


이 언어 L을 생성하는 문법의 생성 규칙 P는 다음과 같다.

$$P=\{S \to aS|bB|b,\ B \to aB|a\}$$

# 연습문제



1. $\Sigma$={a, b}일 때, 다음의 언어를 인식하는 FSA를 디자인하라.

(1) a를 하나만 포함하는 문자열들의 집합

(2) a로 시작하는 문자열들의 집합

(3) a로 끝나는 문자열의 집합

(4) 짝수개의 a를 포함하는 문자열들의 집합
단, a의 개수가 k일 때, $k=2n,\ n \in Z,\ n \geq 0$

(5) b의 개수가 3의 배수인 문자열들의 집합
단, b의 개수가 k일 때, $k=3n,\ n \in Z,\ n \geq 0$

(6) 짝수개의 a와 3의 배수개의 b를 포함하는 문자열들의 집합

(7) aabb를 부분문자열(substring)로 포함하는 문자열들의 집합

2. $\Sigma$= {a, b}일 때, 다음의 언어를 인식하는 FSA를 디자인하라.

(1) 적어도 하나의 a를 포함하는 문자열들의 집합

(2) 많아야 하나의 a를 포함하는 문자열들의 집합

(3) a로 시작하고 b로 끝나는 문자열들의 집합

(4) 패턴 ab를 부분문자열로 포함하는 문자열들의 집합

(5) 패턴 ab를 부분문자열로 포함하지 않는 문자열들의 집합

**3.** 다음 문자열이 정규식 $(ac^*b)^*$에 속하는가?

(1) abab (2) abc

(3) acab (4) abacb

**4.** $\Sigma$={0, 1}일 때, 다음 언어에 대한 정규식을 구하라.

(1) {101, 10001, 1000001, …}

(2) {11, 10001, 10000001, …}

**5.** 정규식 $a^+b^+$로 표현되는 정규언어 L을 인식하는 FSA와 L을 생성하는 정규문법 G를 구하라.

**6.** 정규식 $aa^*bbb^*$로 표현되는 정규언어 L을 인식하는 FSA와 L을 생성하는 정규 문법 G를 구하라.

**7.** $L'=\{a^nb^n|n>0\}$일 때, L'을 생성하는 CFG G'을 구하고 다음을 보여라.

(1) L'은 정규식이 아니다.

(2) G'은 정규문법(RG)이 아니다.

(3) L'을 인식하는 FSA는 존재하지 않는다.

제9장

# 부울 대수와 논리 회로

이산수학

부울 대수(Boolean algebra)는 기호를 사용하여 논리적 사고를 형식화하는데 공헌한 19세기 영국의 수학자 **조지 부울**(George Boole)에 의하여 처음 창시되었다. 그로부터 거의 1세기가 지나서 미국 벨 연구소의 클로드 섀넌(Claude Shannon)이 전기 회로를 분석하는데 이 개념을 사용하였다. 지금까지 부울 대수는 디지털 컴퓨터의 회로 분석과 설계에 필수적인 도구로 사용되고 있다.

우리가 사용하는 디지털 컴퓨터의 모든 프로그램과 데이터는 궁극적으로 0과 1의 값만 갖는 비트(bit)라는 최소 단위의 구성 요소로 이루어져 있다. 아무리 복잡한 프로그램과 그림과 동영상도 결국은 무수한 0과 1의 연속에 불과한 것이다. 디지털 컴퓨터의 기억 장치는 이러한 비트를 작은 공간에 되도록 많이 집적할 수 있도록 발전되어 왔다. 전자 회로에는 이러한 기억 장치들 간의 데이터 전송이 이루어지는데, 흐르는 전류의 전압 차이에 의하여 비트의 값이 결정된다. 즉, 특정 전압 이상은 1, 이하는 0의 방식으로 비트들이 전송된다.

부울 대수는 0과 1의 조합으로만 연산이 이루어지며 결과도 항상 0 또는 1이다. 우리가 1장에서 다룬 명제는 참(true)인지 거짓(false)인지 명확하게 구분할 수 있는 주장이나 문장이며, 이를 바탕으로 우리는 복잡한 논리 연산을 수행하는 방법들을 배웠다. 모든 논리 연산들이 주어진 기본 명제가 참 또는 거짓이냐에 따라서 연산 결과가 참 또는 거짓이었다. 이러한 관점에서 모든 논리 연산은 부울 대수로 설명할 수 있으며, 부울 대수는 디지털 논리 회로의 설계와 분석을 위하여 사용되는 대수라고 할 수 있다.

## 9.1 부울 대수의 개념

**정의 9.1 부울 대수**

**부울 대수**(Boolean algebra)는 0과 1을 원소로 갖는 집합 B와, 2개의 이항 연산자 +(부울 합, sum)와 ·(부울 곱, product), 그리고 1개의 단항 연산자 ′(보수, complement)로 구성된 추상적 대수 체계다. 6가지 구성 요소들을 강조하기 위하여 종종 (B, +, ·, ′, 0, 1)로 나타낸다.

부울 대수 (B, +, ·, ′, 0, 1)를 간략하게 부울 대수 B라고 나타내기도 한다. 이항 연산자 +와 ·는 산술 연산자 덧셈과 곱셈과는 다르며 각각 논리 연산자 ∨(OR)와 ∧(AND)로 표기하기도 한다. 단항 연산자 ′는 원소 앞에 ~ 나 ¬(NOT)을 넣거나 원소 머리에 ¯를 넣어 표시하기도 한다.

**정의 9.2 부울식**

부울 변수 $x_1, x_2, \cdots, x_n$에 대한 **부울식**(Boolean expression)은 다음과 같다.
(1) 부울 상수 0, 1과 부울 변수 $x_1, x_2, \cdots, x_n$은 부울식이다.
(2) $E_1$과 $E_2$가 부울식이면 $E_1'$, $E_1+E_2$, $E_1 \cdot E_2$, $(E_1)$도 부울식이다.

부울식의 연산 우선순위는 ′, ·, +이다. 물론 ( )안의 식이 먼저 연산된다. 예를 들어 $x+y \cdot z$는 $x+(y \cdot z)$를 의미하며, $x' \cdot y$는 $(x') \cdot y$를 의미한다. 일반적으로 $x \cdot y$는 $xy$로 ·를 생략할 수 있다.

논리 연산과 마찬가지로 부울 연산자의 기본 연산은 다음과 같다.

1) + : $0+0=0,\ 0+1=1,\ 1+0=1,\ 1+1=1$
2) · : $0 \cdot 0=0,\ 0 \cdot 1=0,\ 1 \cdot 0=0,\ 1 \cdot 1=1$
3) ′ : $0'=1,\ 1'=0$

**예제 9.1** 다음 부울식의 결과값을 구하라.

(1) $(0 \cdot 1+1 \cdot 1)'+1' \cdot 1'$

(2) $1 \cdot 1'+(0+1)' \cdot 0'+0' \cdot 0'$

**풀이** (1) $(0 \cdot 1+1 \cdot 1)'+1' \cdot 1' = (0+1)'+0 \cdot 0 = 1'+0 = 0+0 = 0$
(2) $1 \cdot 1'+(0+1)' \cdot 0'+0' \cdot 0' = 1 \cdot 0+1' \cdot 1+1 \cdot 1 = 0+0+1 = 1$

x, y, z가 부울 변수일 때 다음 법칙들이 성립한다.

표 9.1 ▶ 부울 대수의 법칙

| 항등성 | 법칙 이름 |
|---|---|
| $x \cdot x = x$<br>$x+x = x$ | 멱등법칙(idempotent law) |
| $x \cdot 1 = x$<br>$x+0 = x$ | 항등법칙(identity law) |
| $x+1 = 1$<br>$x \cdot 0 = 0$ | 지배법칙(domination law) |
| $x+x' = 1$<br>$x \cdot x' = 0$ | 보수법칙(complement law) |
| $x \cdot y = y \cdot x$<br>$x+y = y+x$ | 교환법칙(commutative law) |
| $(x \cdot y) \cdot z = x \cdot (y \cdot z)$<br>$(x+y)+z = x+(y+z)$ | 결합법칙(associative law) |
| $x \cdot (y+z) = (x \cdot y)+(x \cdot z)$<br>$x+(y \cdot z) = (x+y) \cdot (x+z)$ | 분배법칙(distributive law) |
| $x \cdot (x+y) = x$<br>$x+(x \cdot y) = x$ | 흡수법칙(absorption law) |
| $(x \cdot y)' = x'+y'$<br>$(x+y)' = x' \cdot y'$ | 드 모르간 법칙(De Morgan's law) |

표 9.1의 법칙들에 대한 증명은 부울 대수의 여러 다른 법칙들을 사용하여 부울식의 좌변으로부터 우변을 유도해 내거나, 또는 부울식의 좌변과 우변의 진리표를 만들어 두 진리표가 동치임을 밝히면 된다.

**예제 9.2** 흡수 법칙 $x+(xy)=x$를 증명하라.

풀이 (방법1) $x+(xy) = x1+xy$ (∵항등 법칙)

$= x(1+y)$ (∵분배 법칙)

$= x(y+1)$ (∵교환 법칙)

= x1 (∵지배 법칙)

= x (∵항등 법칙)

(방법2) 진리표를 그려서 확인한다.

| x | y | xy | x+(xy) |
|---|---|---|---|
| 0 | 0 | 0 | 0 |
| 0 | 1 | 0 | 0 |
| 1 | 0 | 0 | 1 |
| 1 | 1 | 1 | 1 |

**정리 9.1**

**쌍대성의 원리**

**쌍대성의 원리**(principle of duality)는 부울 대수의 모든 유효한 항등 법칙에 대하여 ·와 +를 교환하고 0과 1을 교환하여 얻은 공식은 역시 유효하다는 것을 의미한다.

표 9.1의 각 법칙별로 두 개의 식이 쌍대를 이루는 것을 확인할 수 있다.

## 9.2 부울 함수

부울 함수는 다음 예와 같이 부울 변수와 부울 연산자로 구성된 부울식으로 표현할 수 있다.

**부울 함수의 예**

f(x, y)=x+xy

f(x, y, z)=x+yz′

n개의 부울 변수가 있을 때 그 변수들로부터 얻을 수 있는 조합은 $2^n$개이다. 또한 부울 함수의 값은 0또는 1이므로 n개의 부울 변수가 있을 때 총 부울 함수의 수는 $2^{2^n}$개다. 즉, 부울 변수가 x, y일 때 이 부울 함수의 정의 구역에는 00, 01, 10, 11의 4개의 원소가 존재하며, 공변역은 0과 1 두 개의 경우만 가능하다. 따라서 가능한 부울 함수의 개수는 $2^4=16$이다.

**정의 9.3 부울 함수**

**부울 함수**(Boolean function) f는 다음과 같이 정의한다.

$$f : B^n \rightarrow B \ (\text{단, } B^n = B \times B \times \cdots \times B,\ n \geq 1,\ B = \{0, 1\})$$

또한 $(x_1, x_2, \cdots, x_n) \in B^n$일 때 $(x_1, x_2, \cdots, x_n)$에 대한 부울 함수의 값은 $f(x_1, x_2, \cdots, x_n)$로 나타내며, 공변역이 B이므로 $f(x_1, x_2, \cdots, x_n)$는 0 또는 1의 값을 갖는다.

**예제 9.3** 부울식으로 표현된 다음 부울 함수를 진리표를 사용하여 나타내어라.

(1) $f(x, y) = xy'$

(2) $f(x, y, z) = xy' + z'$

**풀이** (1)

| x | y | y′ | xy′ |
|---|---|---|---|
| 0 | 0 | 1 | 0 |
| 0 | 1 | 0 | 0 |
| 1 | 0 | 1 | 1 |
| 1 | 1 | 0 | 0 |

(2)

| x | y | z | y′ | xy′ | z′ | xy′+z′ |
|---|---|---|---|---|---|---|
| 0 | 0 | 0 | 1 | 0 | 1 | 1 |
| 0 | 0 | 1 | 1 | 0 | 0 | 0 |
| 0 | 1 | 0 | 0 | 0 | 1 | 1 |
| 0 | 1 | 1 | 0 | 0 | 0 | 0 |
| 1 | 0 | 0 | 1 | 1 | 1 | 1 |
| 1 | 0 | 1 | 1 | 1 | 0 | 1 |
| 1 | 1 | 0 | 0 | 0 | 1 | 1 |
| 1 | 1 | 1 | 0 | 0 | 0 | 0 |

**정의 9.4 최소항**

n개의 부울 변수 $x_1, x_2, \cdots, x_n$로 이루어진 부울식의 **최소항**(minterm)은 $y_i=x_i$이거나 $y_i=x_i'$일 때 부울식 $y_1y_2\cdots y_n$이다. 이때 부울변수이거나 보수인 $y_i$를 **리터럴**(literal)이라고 한다. 따라서 최소항은 n개의 리터럴의 곱이다.

n개의 부울 변수로 만들어지는 진리표에서 변수들의 각 항들이 최소항이 된다. 따라서 n개의 변수가 있으면 $2^n$개의 최소항이 존재한다. 2개의 부울 변수 x, y가 있을 때, x, y의 값이 각각 0, 1이라면 이에 해당하는 최소항은 $x'y$가 되며, 모든 최소항들은 $x'y'$, $x'y$, $xy'$, $xy$가 된다.

**정의 9.5 논리합 표준형**

모든 부울 함수는 최소항들의 부울 합으로 나타낼 수 있다. 이렇게 표현된 부울식을 부울 함수의 **곱의 합**(sum of products) 또는 **논리합 표준형**(Disjunctive Normal Form : DNF)이라고 한다.

DNF는 주어진 부울 함수에 대한 진리표를 사용하여 구할 수 있다.

**예제 9.4** 부울 함수 $f(x, y)=x'+y$의 DNF를 구하라.

풀이 진리표를 그리면 다음과 같다.

| x | y | x′ | x′+y |
|---|---|---|---|
| 0 | 0 | 1 | 1 |
| 0 | 1 | 1 | 1 |
| 1 | 0 | 0 | 0 |
| 1 | 1 | 0 | 1 |

f에 대한 진리표를 살펴보면 부울 변수 x, y의 입력 값이 3가지 경우에 함수 값이 1이 됨을 알 수 있다. 예를 들어, x, y 값이 각각 0, 0일 경우 f가 1이 되는데 이 경우의 최소항은 $x'y'$이다. 즉, f는 $x'y'$ 또는 $x'y$ 또는 $xy$일 때 1의 값을 가지므로 DNF는 $x'y'+x'y+xy$가 된다.

**예제 9.5** 위의 예제 9.3(2)의 함수 $f(x, y, z)=xy'+z'$의 DNF를 구하라.

풀이 f에 대한 진리표를 살펴보면 부울 변수 x, y, z의 입력 값이 5가지 경우에 함수 값이 1이 됨을 알 수 있다. 예를 들어, x, y, z 값이 각각 0, 0, 0일 경우 f가 1이 되는데 이 경우의 최소항은 $x'y'z'$이다. 이렇게 5개의 최소항들의 부울 합, $x'y'z'+x'yz'+xy'z'+xy'z+xyz'$이 DNF가 된다.

## 9.3 논리 회로

부울 대수는 논리 회로를 설계하는데 사용된다. 복잡한 논리 회로를 부울 대수를 이용하여 간단히 할 수 있는데, 이 논리 회로를 구성하는 기본 요소를 게이트(gate)라고 한다. 이 게이트를 이용하여 다양한 기능을 수행하는 회로를 설계할 수 있다. 기본적인 게이트는 AND, OR, NOT 게이트가 있고, 그밖에 NAND, NOR, XOR 게이트 등이 있다. NAND 게이트는 AND 게이트를 부정(NOT)한 것이고, NOR 게이트는 OR 게이트를 부정(NOT)한 것이다. 또한 XOR(exclusive−OR) 게이트도 AND, OR, NOT으로 표현 가능하므로(부울 변수가 x, y일 때 x′y+xy′), 사실상 AND, OR, NOT 게이트만으로도 모든 논리 회로를 구성할 수 있다. 이것을 **논리 함수의 완전성**(completeness)이라고 한다. 이 책에서는 NAND, NOR, XOR 게이트에 대한 설명은 생략한다.

### (1) AND 게이트

AND 게이트는 논리곱을 만족시키는 회로로 두 개의 입력 x와 y에 대하여 xy를 출력한다. 즉, 표 9.2와 같이 두 개의 부울 변수가 모두 1일 때만 1을 출력한다. AND 게이트는 그림 9.1과 같이 나타낸다.

표 9.2 ▸ AND 게이트에 대한 진리표

| 입력 | | 출력 |
|---|---|---|
| x | y | xy |
| 0 | 0 | 0 |
| 0 | 1 | 0 |
| 1 | 0 | 0 |
| 1 | 1 | 1 |

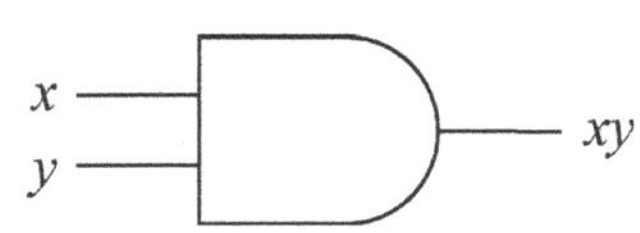


그림 9.1 ▸ AND 게이트

### (2) OR 게이트

OR 게이트는 논리합을 만족시키는 회로로 두 개의 입력 x와 y에 대하여 x+y를 출력한다. 즉, 표 9.3과 같이 두 개의 부울 변수 중 적어도 하나가 1인 경우에 1을 출력한다. OR 게이트는 그림 9.2와 같이 나타낸다.

표 9.3 ▸ OR 게이트에 대한 진리표

| 입력 | | 출력 |
|---|---|---|
| x | y | x+y |
| 0 | 0 | 0 |
| 0 | 1 | 1 |
| 1 | 0 | 1 |
| 1 | 1 | 1 |

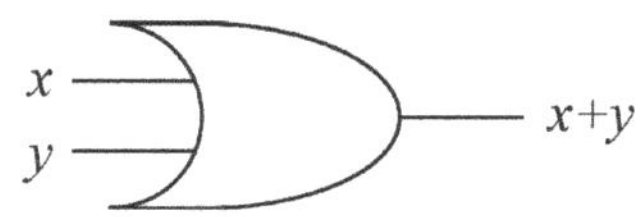


그림 9.2 ▸ OR 게이트

### (3) NOT 게이트

NOT 게이트는 논리 부정을 만족시키는 회로로 하나의 입력 x에 대하여 x′을 출력한다. 즉, 표 9.4와 같이 부울 변수가 0일 때 1, 1일 때 0을 출력한다. NOT 게이트는 그림 9.3과 같이 나타낸다. NOT 게이트를 인버터(inverter)라고도 한다.

표 9.4 ▸ NOT 게이트에 대한 진리표

| 입력 | 출력 |
|---|---|
| x | x′ |
| 0 | 1 |
| 1 | 0 |

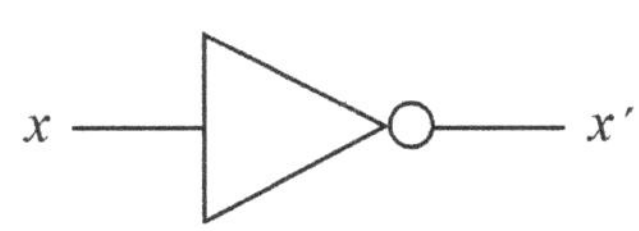


그림 9.3 ▸ NOT 게이트

AND 게이트와 OR 게이트의 경우 여러 개의 입력이 허용된다. 그림 9.4는 세 개의 입력 신호를 갖는 AND 게이트와 함께, 두 개의 입력을 갖는 AND 게이트 2개로 동일한 회로를 구성한 예이다.

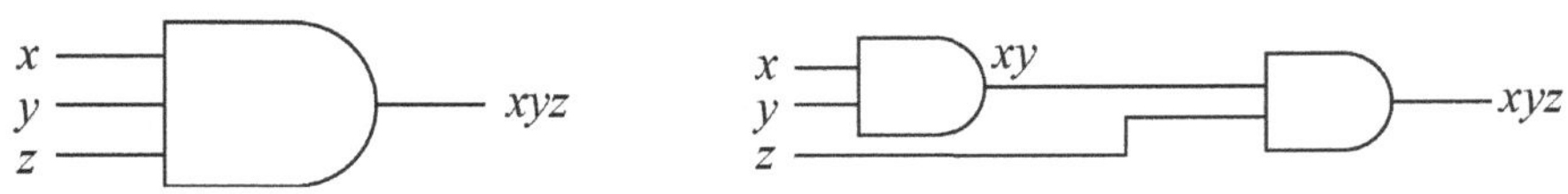


그림 9.4 ▸ f(x, y, z)=xyz의 두 가지 회로

**예제 9.6** 다음 부울식에 대한 논리 회로를 그려라.

(1) xy+x′z

(2) (x+y)′z

(3) (xyz)′(x+y+z)

**풀이**

(1)

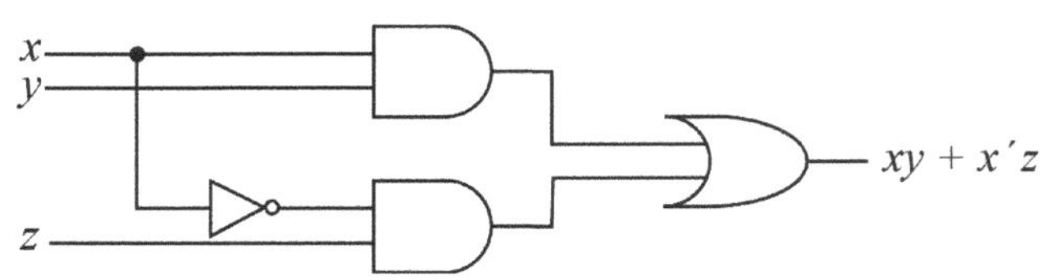


(2)

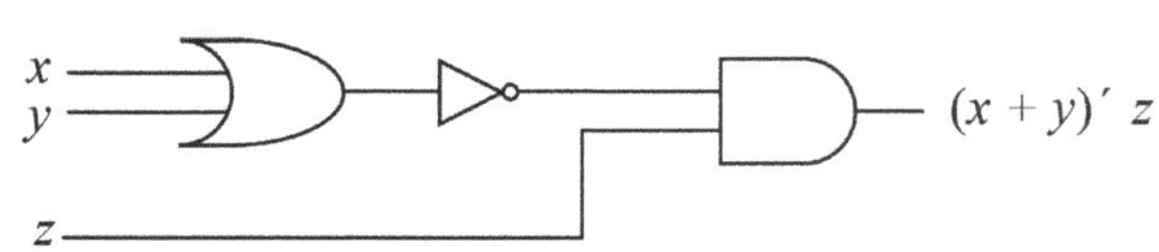


(3)

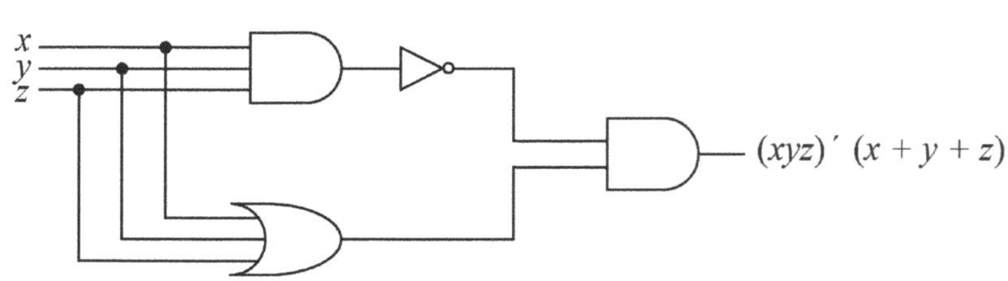

## 9.4 논리 회로의 최소화

논리 회로를 설계할 때는 먼저 입력값들의 조합에서 출력을 명시하는 표를 작성한 후, 회로의 구현을 위하여 논리합 표준형(DNF)으로 부울 함수를 구한다. 그러나 이 DNF를 따라서 논리 회로를 구현하게 되면 경우에 따라 필요 이상의 변수나 게이트들을 사용하게 된다. 논리 회로의 효율적인 설계를 위하여 게이트의 수를 줄여야 하는데, 이를 위하여 부울 함수를 간단한 형태로 바꾸는 과정을 부울 함수의 **최소화**(minimization)라고 한다. 부울 함수를 최소화함으로써 동일한 기능을 하면서 적은 수의 게이트로 구성된 회로를 구현할 수 있다. 게이트의 수를 줄임으로써 회로 구성에 소요되는 비용을 줄일 수 있고, 데이터 전달 속도도 향상시킬 수 있다.

**예제 9.7** 어떤 부울 함수의 DNF가 $f(x, y, z)=xyz+x'yz$라고 하자. 이 함수에 대한 논리 회로는 다음과 같다.

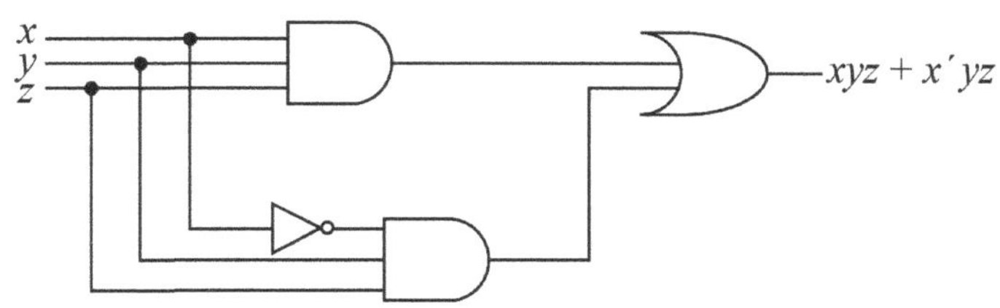


이 부울 함수를 부울 대수의 법칙을 이용하여 최소화한 후 회로를 다시 구성하여 보자.

풀이 
$$\begin{aligned} xyz+x'yz &= (x+x')yz \\ &= 1 \cdot yz \\ &= yz \end{aligned}$$

따라서 최소화된 회로는 다음과 같다.

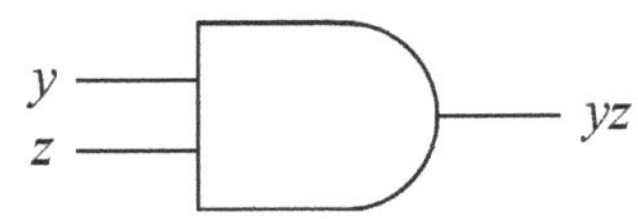


**예제 9.8** 다음 부울 함수를 부울 대수의 법칙을 이용하여 최소화한 후 회로를 구성하라.

(1) $f(x, y)=xy'+y$

(2) $f(x, y)=xy'+x'y+x'y'$

(3) $f(x, y, z)=x'yz'+x'y'z'+xyz'+xy'z'$

풀이 (1) $f(x, y) = xy'+y$

$= y+xy'$ (∵교환법칙)

$= (y+x)(y+y')$ (∵분배법칙)

$= (y+x)\cdot 1$ (∵보수법칙)

$= y+x$ (∵항등법칙)

$= x+y$ (∵교환법칙)

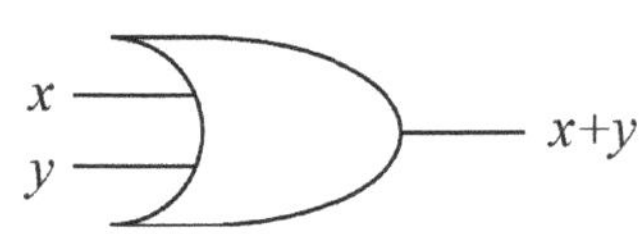


(2) $f(x, y) = xy'+x'y+x'y'$

$= xy'+x'y+x'y'+x'y'$

$= xy'+x'y'+x'y+x'y'$

$= (x+x')y'+x'(y+y')$

$= x'+y'$

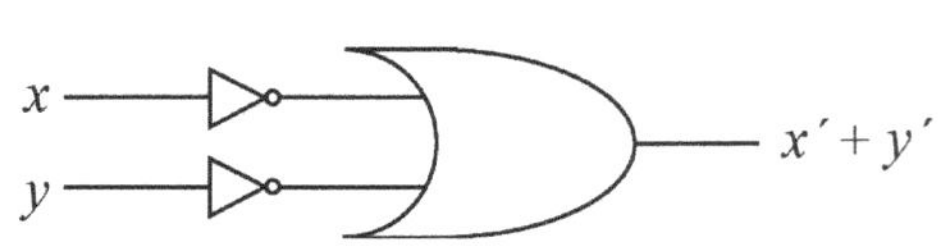

$$
\begin{aligned}
(3)\ f(x, y, z) &= x'yz'+x'y'z'+xyz'+xy'z' \\
&= x'z'(y+y')+xz'(y+y') \\
&= x'z'+xz' \\
&= (x'+x)z' \\
&= z'
\end{aligned}
$$

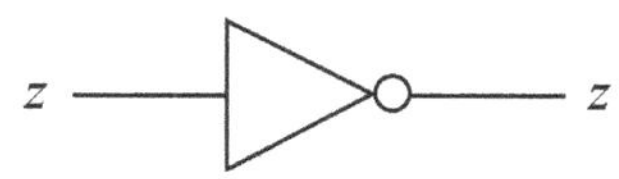


위와 같이 부울 대수의 법칙을 이용하여 논리 회로를 최소화하는 방법은 부울 함수의 변수의 수가 많아지면 최소화가 복잡해진다. 따라서 카르노 맵이라는 방법을 이용하여 좀더 쉽게 최소화한다.

카르노 맵(Karnaugh map, K-map)은 미국의 과학자 카르노(Maurice Karnaugh)에 의하여 1950년에 제안된 방법으로, 부울 변수들에 대한 최소항들을 도표안의 사각형들로 그려서 인접한 항들을 서로 묶어서 간소화한다. 부울 변수의 수가 6개까지 가능하지만 일반적으로 2, 3, 4개일 경우 유용하다.

### (1) 2변수 카르노 맵

2변수 카르노 맵은 $2^2$=4개의 최소항(사각형)으로 구성되며 그림 9.5와 같다.

| x \ y | 0 | 1 |
|---|---|---|
| 0 | x′y′ | x′y |
| 1 | xy′ | xy |

그림 9.5 ▸ 2변수 카르노 맵

### (2) 3변수 카르노 맵

3변수 카르노 맵은 $2^3$=8개의 최소항(사각형)으로 구성되며 그림 9.6과 같다.

| x \ yz | 00 | 01 | 11 | 10 |
|---|---|---|---|---|
| 0 | x′y′z′ | x′y′z | x′yz | x′yz′ |
| 1 | xy′z′ | xy′z | xyz | xyz′ |

그림 9.6 ▸ 3변수 카르노 맵

### (3) 4변수 카르노 맵

4변수 카르노 맵은 $2^4$=16개의 최소항(사각형)으로 구성되며 그림 9.7과 같다.

| xy \ zw | 00 | 01 | 11 | 10 |
|---|---|---|---|---|
| 00 | x′y′z′w′ | x′y′z′w | x′y′zw | x′y′zw′ |
| 01 | x′yz′w′ | x′yz′w | x′yzw | x′yzw′ |
| 11 | xyz′w′ | xyz′w | xyzw | xyzw′ |
| 10 | xy′z′w′ | xy′z′w | xy′zw | xy′zw′ |

그림 9.7 ▸ 4변수 카르노 맵

변수의 개수에 따라 카르노 맵을 작성한 후에 출력값에 따라 해당하는 항에 0 또는 1을 표시하는데, 통상 0은 표시하지 않고 공백으로 놓아둔다. 그리고 인접한 항들의 1을 최대한 크게 묶는데, 이때 묶는 수는 2, 4, 8만 가능하다. 3변수와 4변수의 경우 양쪽 끝변에 있는 항들도 인접해 있다고 간주한다. 예를 들어, 그림 9.6의 3변수 카르노 맵에서 x′y′z′와 x′yz′는 서로 인접한 항이고, 그림 9.7의 4변수 카르노 맵에서 x′y′z′w′와 xy′z′w′도 서로 인접한 항이다. 묶는 범위가 클수록 최소화의 효과가 크므로 회로 설계의 효율성도 높아진다. 또한 하나의 묶음에 속해 있는 항이라도 다른 항들과 또 묶일 수 있다. 이렇게 묶음들이 결정되면 하나의 묶음 안에서 변화되는(예를 들어 x와 x′) 변수는 제거되고, 마지막으로 각 묶음들에 대한 논리합(+)이 취해진다.

**예제 9.9** 다음 부울식을 카르노 맵을 사용하여 최소화하라.

(1) $f(x, y)=x'y+xy$

(2) $f(x, y)=x'y'+x'y+xy$

**풀이** (1) 먼저 2변수 카르노 맵을 그리고 $x'y$와 $xy$ 항에 1을 표시한 다음, 인접한 항들을 다음 그림과 같이 묶는다.

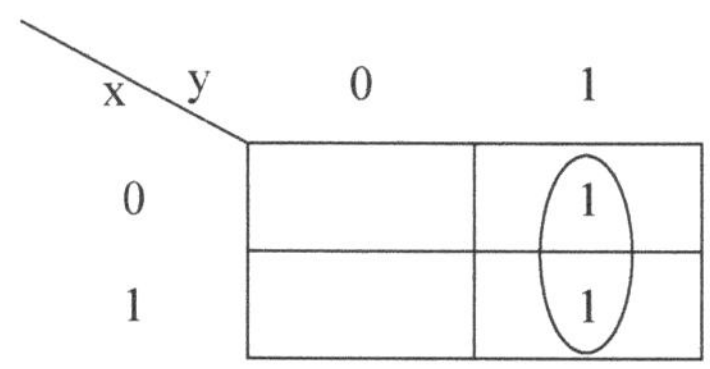


이 묶음에서 x의 값이 변화되었으므로 제거되고 y만 남아서 답은 $f(x, y)=y$가 된다.

(2) 먼저 2변수 카르노 맵을 그리고 $x'y'$, $x'y$, $xy$ 항에 1을 표시한 다음, 인접한 항들을 다음 그림과 같이 묶는다.

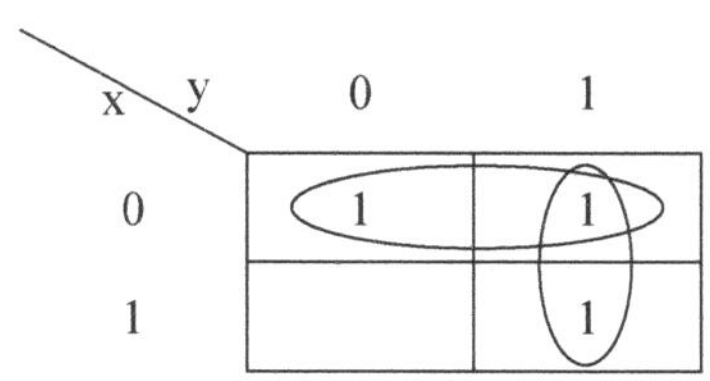


첫 번째 행의 묶음에서 y가 변화했으므로 제거하고 $x'$만 남고, 두 번째 열의 묶음에서 x가 변화했으므로 y만 남는다. $x'$과 y를 논리합하면 $f(x, y)=x'+y$가 된다.

**예제 9.10** 다음 부울식을 카르노 맵을 사용하여 최소화하라.

(1) $f(x, y, z)=x'y'z'+x'y'z+x'yz'+xyz'$

(2) $f(x, y, z)=x'yz+x'yz'+xy'z'+xyz+xyz'$

**풀이** (1) 먼저 3변수 카르노 맵을 그리고 $x'y'z'$, $x'y'z$, $x'yz'$, $xyz'$ 항에 1을 표시한 다음, 인접한 항들을 다음 그림과 같이 묶는다.

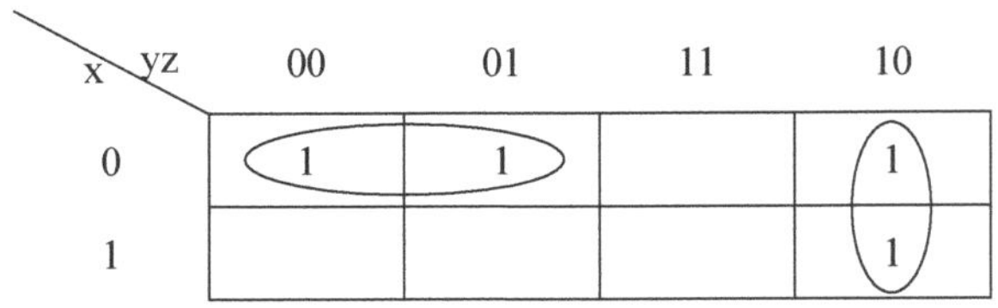


첫 번째 행의 묶음에서 z가 변화했으므로 제거하여 $x'y'$을 얻고, 네 번째 열의 묶음에서 x가 변화했으므로 $yz'$만 남는다. $x'y'$과 $yz'$을 논리합하면 $f(x, y, z)=x'y'+yz'$이 된다.

(2) 3변수 카르노 맵을 그리고 해당되는 항에 1을 표시한 다음, 인접한 항들을 다음 그림과 같이 묶는다.

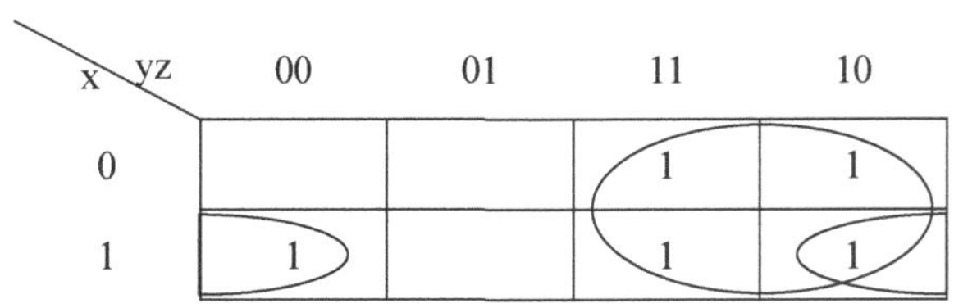


4개 항의 묶음에서는 x와 z가 변화했으므로 제거하여 y만 남는다. 아래 양쪽 끝변의 두 항은 서로 인접한 것이므로 묶이며 y가 변화했으므로 $xz'$만 남는다. y와 $xz'$을 논리합하면 $f(x, y, z)=y+xz'$이 된다.

**예제 9.11** 다음 부울식을 카르노 맵을 사용하여 최소화하라.

(1) $f(x, y, z, w)=x'yzw+x'yzw'+xyz'w'+xyzw'$

(2) $f(x, y, z, w)$

$=x'y'z'w'+x'y'zw'+x'yz'w+x'yzw+xyz'w+xyzw+xy'z'w'+xy'zw'$

풀이 (1) 4변수 카르노 맵을 그리고 $x'yzw$, $x'yzw'$, $xyz'w'$, $xyzw'$ 항에 1을 표시한 다음, 인접한 항들을 다음 그림과 같이 묶는다.

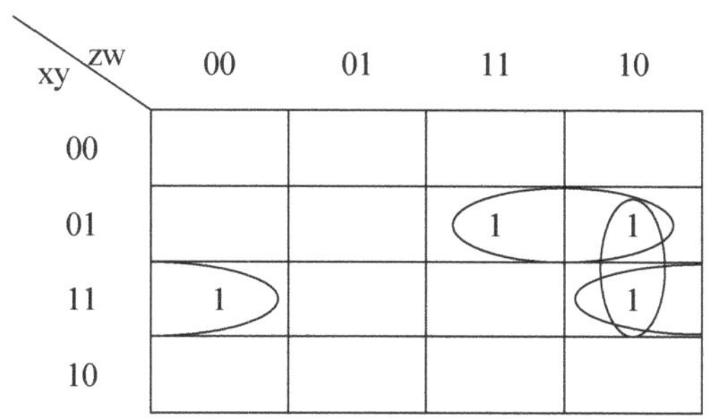


두 번째 행의 묶음에서 w가 변화했으므로 제거하여 $x'yz$을 얻고, 네 번째 열의 묶음에서는 x가 변화했으므로 $yzw'$만 남는다. 마지막으로 세 번째 행의 양 끝 항의 묶음에서는 z가 변화했으므로 $xyw'$이 남는다. 이 세 항을 논리합하면 $f(x, y, z, w)=x'yz+yzw'+xyw'$이 된다.

(2) 4변수 카르노 맵을 그리고 해당 항에 1을 표시한 다음, 인접한 항들을 다음 그림과 같이 묶는다.

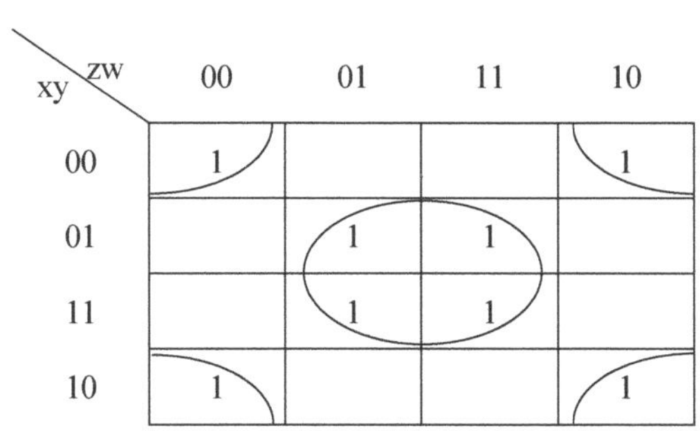

가운데 있는 4개는 하나로 묶여서 yw가 되고, 양쪽 모서리의 4개는 서로 인접하므로 묶인 다음 x와 z가 변화했으므로 y′w′만 남는다. 따라서 f(x, y, z, w)=yw+y′w′이 된다.

**예제 9.12** 다음 부울 함수를 최소화한 후 논리 회로를 그려라.

(1) f(x, y, z)=x′y′z′+x′y′z+x′yz′+xy′z′+xyz′

(2) f(x, y, z, w)=x′y′z′w+x′yz′w+x′yzw+xyz′w′+xyz′w+xyzw+xy′z′w

**풀이** (1) 먼저 카르노 맵으로 식을 최소화하면 f(x, y, z)=z′+x′y′이 된다.

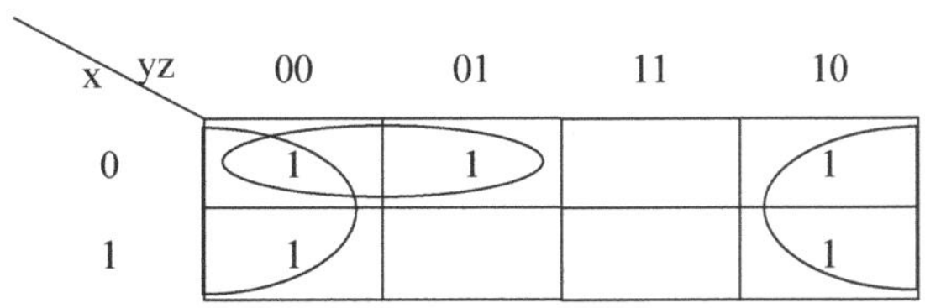


이것을 논리 회로로 나타내면 다음과 같다.

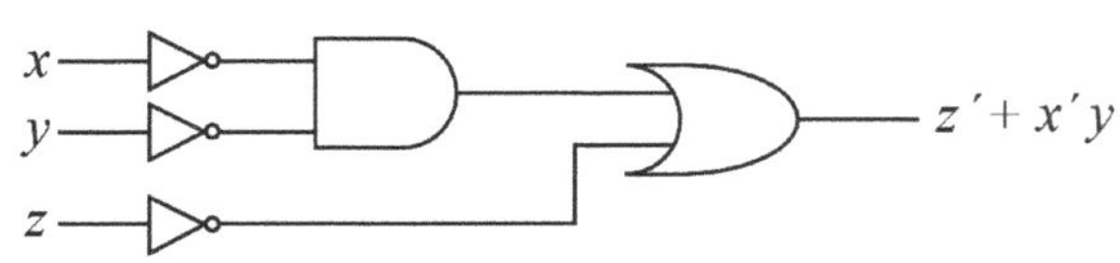


(2) 먼저 카르노 맵으로 식을 최소화하면 f(x, y, z, w)=z′w+yw+xyz′이 된다.

| xy \ zw | 00 | 01 | 11 | 10 |
|---|---|---|---|---|
| 00 | | 1 | | |
| 01 | | 1 | 1 | |
| 11 | 1 | 1 | 1 | |
| 10 | | 1 | | |

이것을 논리 회로로 나타내면 다음과 같다.

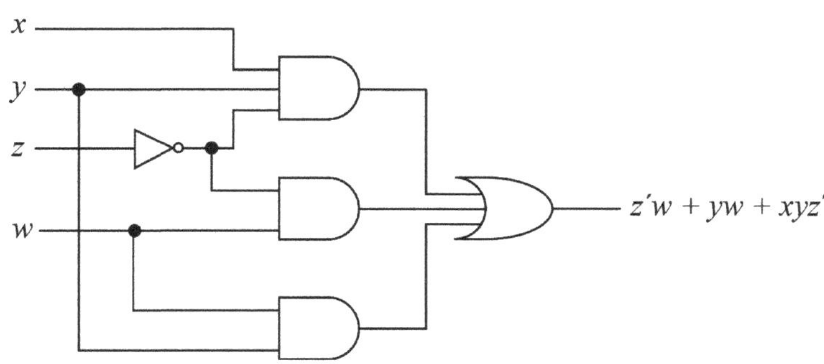

# 연습문제



1. 다음 부울식의 결과값을 구하라.

(1) $0 \cdot 1+(0+1')$

(2) $(1+0)' \cdot (0+1)$

(3) $(1 \cdot 0)'+(0+1)$

(4) $((1 \cdot 1+1 \cdot 1)'+0' \cdot 0'$

2. 다음 부울식으로 표현된 부울 함수를 진리표를 사용하여 나타내어라.

(1) $f(x, y)=x+x'y'$

(2) $f(x, y, z)=xy+z'$

3. 다음 부울 함수의 DNF를 구하라.

(1) $f(x, y)=y'$

(2) $f(x, y, z)=(x+y)z'$

(3) $f(x, y, z)=x(y+z)$

4. 다음 부울식에 대한 논리 회로를 그려라.

(1) $xyz+x'y'z'$

(2) $x(x'+y')'$

(3) $((x'+z)'(y+z))'$

**5.** 다음 부울식을 카르노 맵을 사용하여 최소화하라.

(1) $xy'+xy$

(2) $x'y'+xy'+xy$

(3) $xy'z'+xy'z+xyz+xyz'$

(4) $x'y'z'w+x'yz'w'+x'yz'w+x'yzw+xyz'w+xyzw+xy'z'w$

**6.** 카르노 맵의 각 항에는 0이나 1이 들어간다. 때로는 어떤 항의 값이 0이든 1이든 상관없는 경우가 있다. 이러한 경우를 **돈케어(don't care) 조건**이라고 하며 항에 d로 표시한다. d로 표시된 항은 최소화를 위하여 묶일 때 1과 함께 사용될 수 있다. 다음 카르노 맵으로 표현된 부울식을 최소화하라.

(1)

| x \ yz | 00 | 01 | 11 | 10 |
|---|---|---|---|---|
| 0 | 1 | d | d | 1 |
| 1 | 1 | | | |

(2)

| xy \ zw | 00 | 01 | 11 | 10 |
|---|---|---|---|---|
| 00 | | d | | |
| 01 | | d | | |
| 11 | d | d | d | d |
| 10 | 1 | 1 | | 1 |

(3)

| xy \ zw | 00 | 01 | 11 | 10 |
|---|---|---|---|---|
| 00 | 1 | | | 1 |
| 01 | d | d | 1 | d |
| 11 | | 1 | d | |
| 10 | | | | 1 |

**7.** 문제 4의 2)에서 그린 논리 회로를 카르노 맵을 사용하여 최소화된 논리 회로로 다시 그려라.

# 찾아보기

## ㄱ



## ㄴ



## ㄷ

## ㄹ



## ㅁ



## ㅂ

## ㅅ



## ㅇ

## ㅈ



## ㅊ



## ㅋ



## ㅌ

## ㅍ



## ㅎ



## 4



## K



## N

■ 저자소개

승현우　현재 서울여자대학교 정보보호학과 교수
KT 소프트웨어연구소 선임연구원
일리노이공대 전산학 박사

# 이산수학

인　　쇄 : 2012년 3월 5일
발　　행 : 2012년 3월 15일
저　　자 : 승 현 우
발 행 처 : 도서출판 한산
서울시 서대문구 수색로6길 43번지 105-602호
TEL : (02)304-3504　FAX : (02)304-3505
발 행 인 : 김 기 영
등록번호 : 제 10-1745 호
I S B N : 978-89-89215-75-2　　93560



정가. 18,000원